NATIONAL GEOGRAPHIC

宇宙探索大百科

高能宇宙

[西]伊格纳西·里巴斯/著　骆相宜/译

天 地 出 版 社 | TIANDI PRESS

图书在版编目（CIP）数据

高能宇宙 /（西）伊格纳西·里巴斯著；
骆相宜译．—成都：天地出版社，2022.7（2026.1 重印）
（宇宙探索大百科）
ISBN 978-7-5455-6936-0

Ⅰ．①高… Ⅱ．①伊… ②骆… Ⅲ．①宇宙－普及读
物 Ⅳ．① P159-49

中国版本图书馆 CIP 数据核字（2022）第 015945 号

Text: Rosa Rodríguez Gasén
Complementary text and appendix: Luz María Bazaldúa, Gonzalo del Castillo, Dashiell Fernández, Alejandro Riveiro de la Peña, Héctor Rodríguez
Illustration and infographics: Juan William Borrego Bustamante, Felipe García Mora, Mark A. Garlick, Carles Javierre (Infographics), Joan Pejoan, Javier Pérez Belmonte

著作权登记号　图进字：21-2021-539

GAONENG YUZHOU
高能宇宙

出 品 人　杨　政
总 策 划　陈　德
联合策划　北京高朗文化传媒有限公司
作　　者　［西］伊格纳西·里巴斯
译　　者　骆相宜（青年天文教师连线）
策划编辑　王　倩
责任编辑　王　倩　刘桐卓
特别审校　闫文驰（青年天文教师连线）
特约编辑　王玮红
装帧设计　霍笛文　孙雪骊
责任印制　刘　元

出版发行　天地出版社
（成都市锦江区三色路 238 号　邮政编码：610023）
（北京市方庄芳群园 3 区 3 号　邮政编码：100078）
网　　址　http://www.tiandiph.com
电子邮箱　tianditg@163.com
经　　销　新华文轩出版传媒股份有限公司

印　　刷　北京利丰雅高长城印刷有限公司
版　　次　2022 年 7 月第 1 版
印　　次　2026 年 1 月第 7 次印刷
开　　本　889 mm × 1194 mm　1/16
印　　张　5.75
字　　数　100 千
定　　价　45.00 元
书　　号　ISBN 978-7-5455-6936-0

咨询电话：（028）86361282（总编室）
购书热线：（010）67693207（营销中心）

星系中隐藏了什么？

苍穹中的星系

乍看之下，宇宙似乎是一个静止、和平而黑暗的所在。但是，在我们肉眼看不到的电磁波谱的频段上，隐藏着许多极富美感的事物和它们的秘密。

剧烈活动

M82（雪茄星系）。图片由哈勃空间望远镜在可见光波段拍摄。其中的丝状纤维结构反映了氢元素的分布，这是由活跃的恒星形成活动所导致的。

五彩斑斓的表演

从某种意义上来说，可见光谱像是一个小锁眼，阻碍我们了解宇宙的全部真相。宇宙中色彩的丰富和形状的多样，远超出我们的想象。

细节视图

M82。此图为哈勃、钱德拉和斯皮策三台空间望远镜观测结果的合成影像。橙色表示氢的辐射信号，黄色表示可见光波段，蓝色表示 X 射线波段，红色表示红外波段。

怪异的光芒

仔细观察，我们会有一些令人不安的发现。例如，在 X 射线波段的影像中，我们会发现一个遥远而神秘的能量源，它的存在使我们的观测充满挑战。

X 射线揭露的真相

钱德拉 X 射线天文台所拍摄的 M82。天文学家们从中发现了星系中心的超级明亮的 X 射线源。

M82 中的怪兽

在这个星系的中心存在着肉眼不可见的干扰源：一个巨大的黑洞。我们只能通过它对周围事物的影响来感知它的存在。例如，在这一黑洞压倒性的影响下，恒星发出的光都能被其捕获。

在黑暗的中心

艺术想象图，反映了 M82 中心黑洞的某一活动阶段。该图表现了这样一种可能性：这也许是两个黑洞的组合。其中一个是 3 000 万倍太阳质量的超大质量黑洞，而另一个是 500 倍太阳质量的中等质量黑洞。

高能宇宙 · 目 录

从紫外线到伽马射线

太阳和太阳系中的行星

火焰星云（NGC 2024），它是一个发射星云，看上去像一团燃烧的火焰。其由几千颗恒星组成

恒星的高能活动

高能波段下的星系

高能观测

附 录

从紫外线到伽马射线

高能天体物理学的研究目的是了解宇宙中的一些最高能的现象。其研究领域包括紫外线、X 射线观测，以及诸如伽马射线暴和宇宙射线这样的现象。

左图：可见光与 X 射线波段下的韦斯特伦德 2 号星团

构成物质的粒子

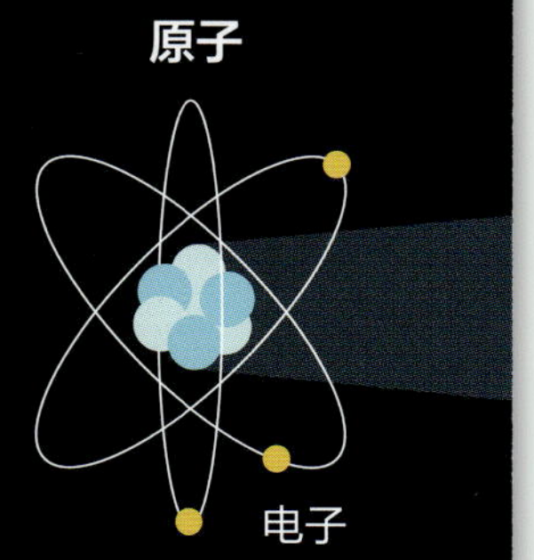

标准模型旨在统一支配基本粒子的四种基本作用力。这是一种暂时的理论，目前只包括了四种基本作用力中的三种：电磁力、弱核力和强核力。它们决定了物质的性质。

基本粒子

它们是物质的最基本组成部分，不能再被分解成更基本的粒子。其中的费米子属于夸克和轻子。前者构成诸如质子和中子这样的强子，后者构成电子及其相应的中微子；另一种基本粒子属于玻色子，负责在夸克与轻子之间传递相互作用力。例如，光子就是一种玻色子，它能够传递电磁相互作用。

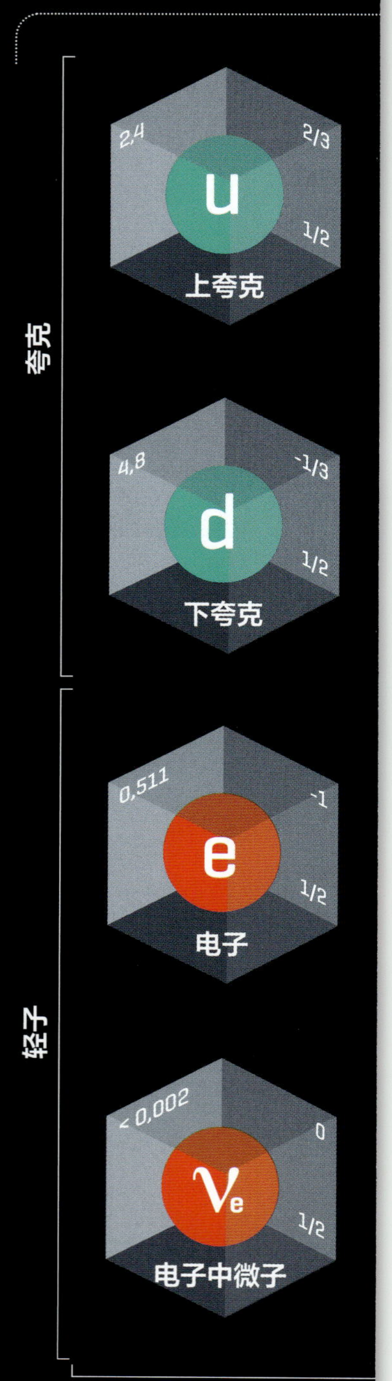

四种基本作用力

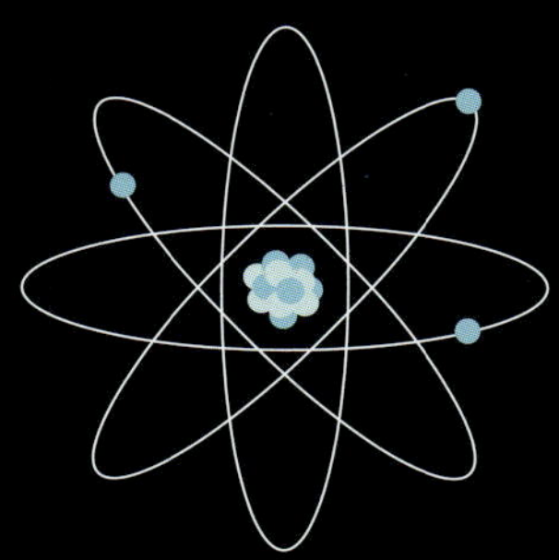

电磁力
即荷电粒子之间的相互作用，通过光子交换来传递。

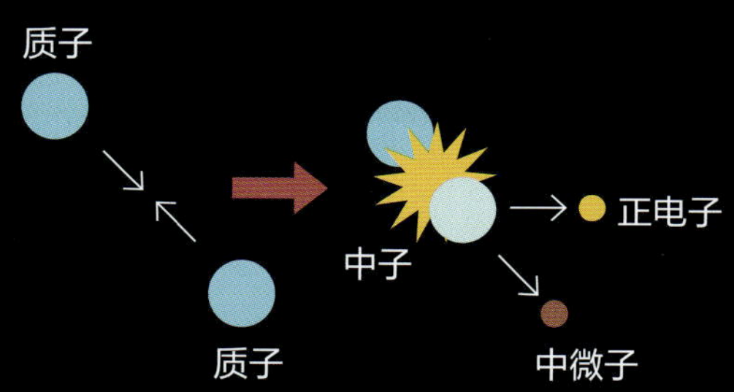

弱核力
会导致诸如放射性衰变这样的现象。它是唯一能影响中微子的作用力。

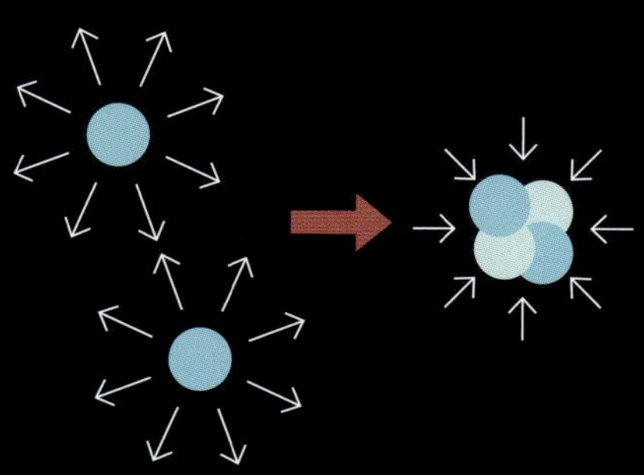

强核力
它使质子与中子结合成为原子核。

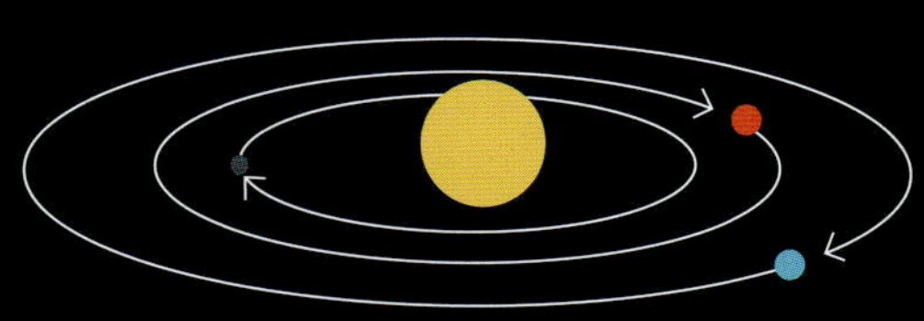

引力
唯一能作用于所有具有质量、能量，或者动量的粒子的作用力。这是一种吸引力。

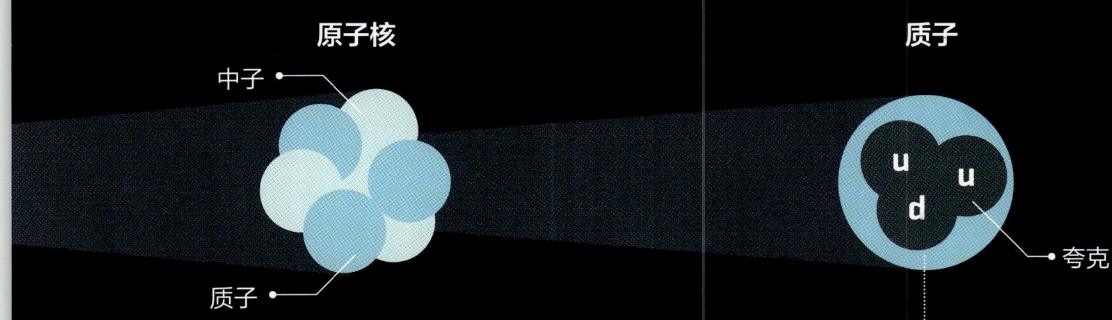

原子结构

物质由原子构成，其中的原子核由质子与中子构成，而质子与中子又由所谓的亚原子粒子构成。

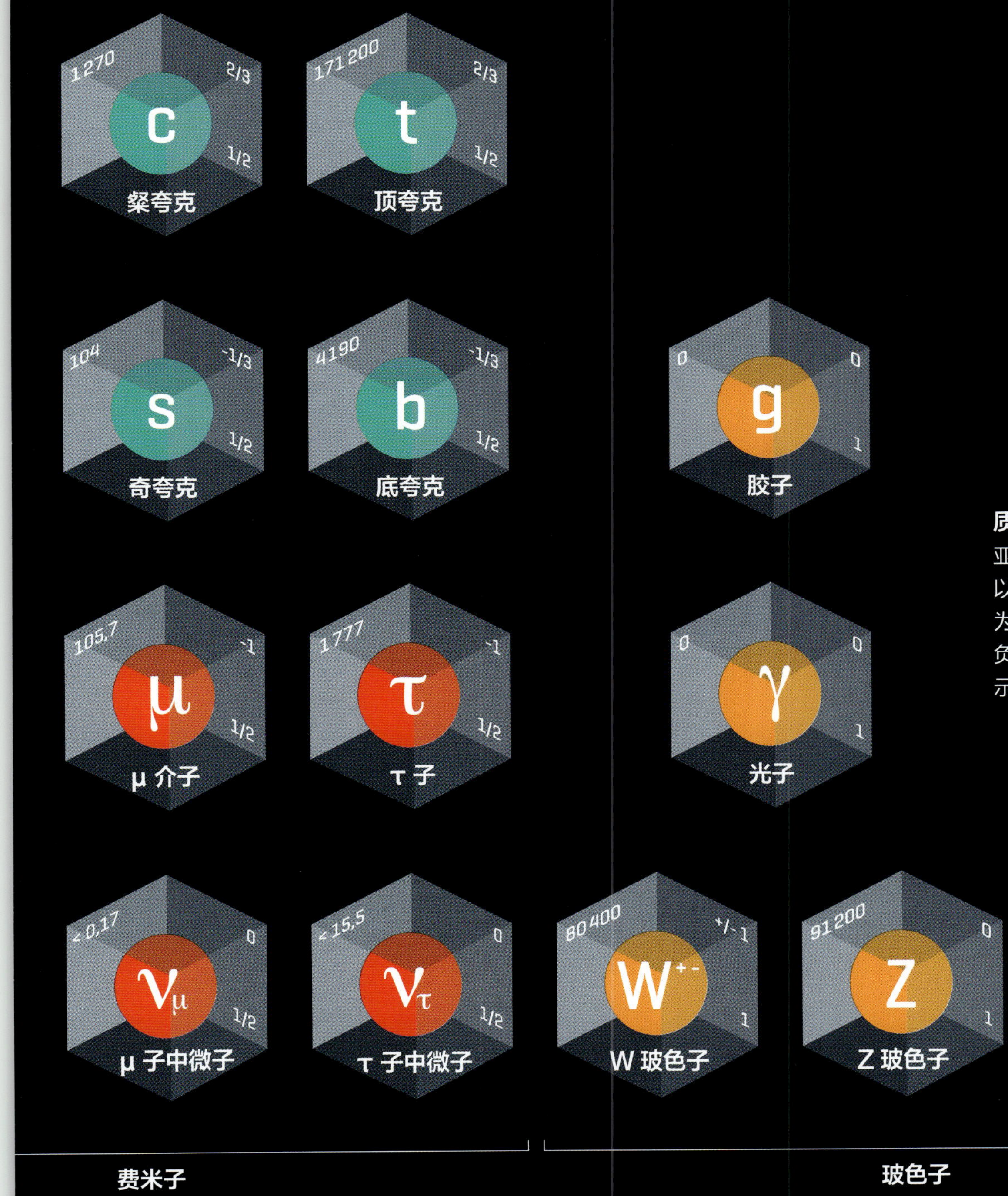

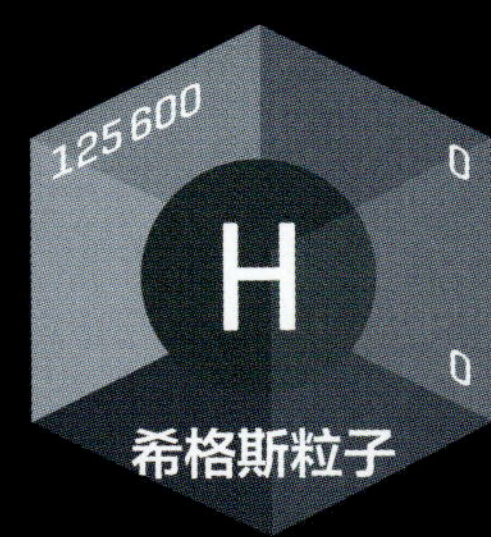

质量、电荷与自旋

亚原子粒子的基本性质包括：以兆电子伏特（MeV / c^2）为单位度量的质量；分为正、负、零三类的电荷；以及表示基本粒子旋转方向的自旋。

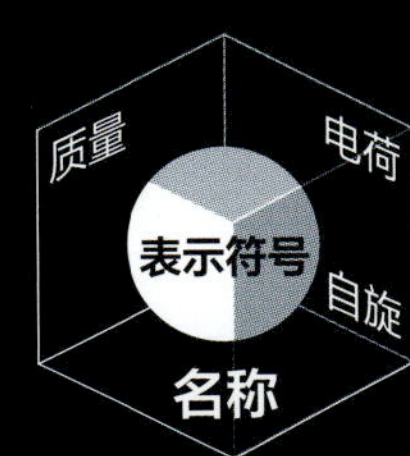

电磁波谱

恒星产生的能量以电磁辐射的形式，光速发射到太空中。将这些电磁辐射按照其波长（或频率，即能量）排序，就形成了电磁波谱。

恒星是电磁辐射的辐射源，辐射出的电磁波按照其波长排序，就形成了所谓的“电磁波谱”。它从波长较长或者说能量较低的射电波，一直排列到波长较短或者说能量较高的伽马射线。

天体光谱

发射谱或者吸收谱的特征分布被称为“天体光谱”。因此，当我们谈论起“参宿四光谱”时，指的是从参宿四这颗恒星接收到的各个不同波长上的能量。

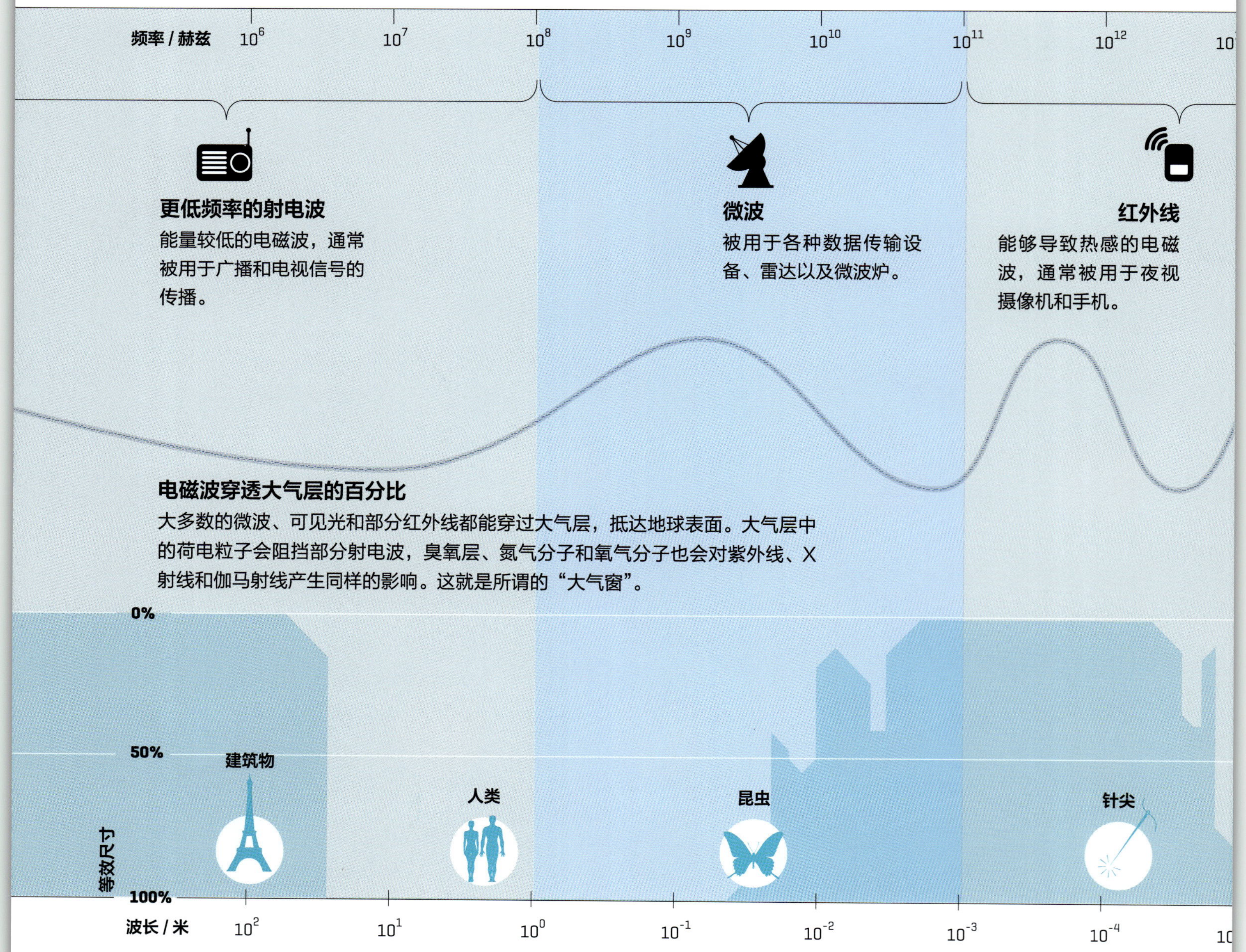

波长和振幅

波的两个相邻最高点或者最低点之间的距离被称为“波长”。因此，波长可以很小，例如伽马射线；也可以很大，例如射电波。另外，“振幅”指的是强度的最大值与平均值之间的距离。

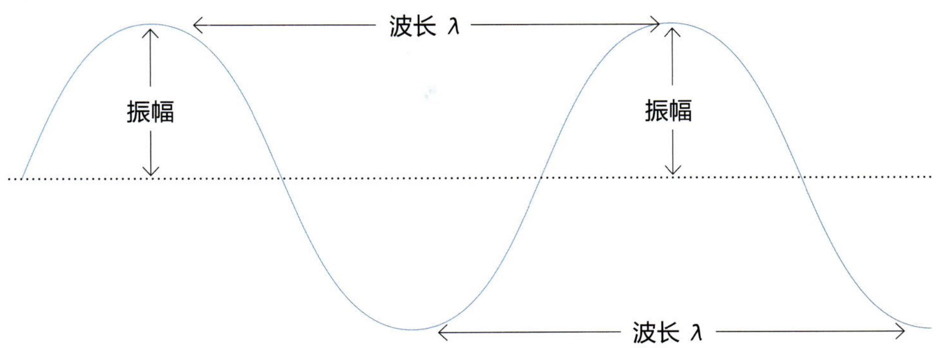

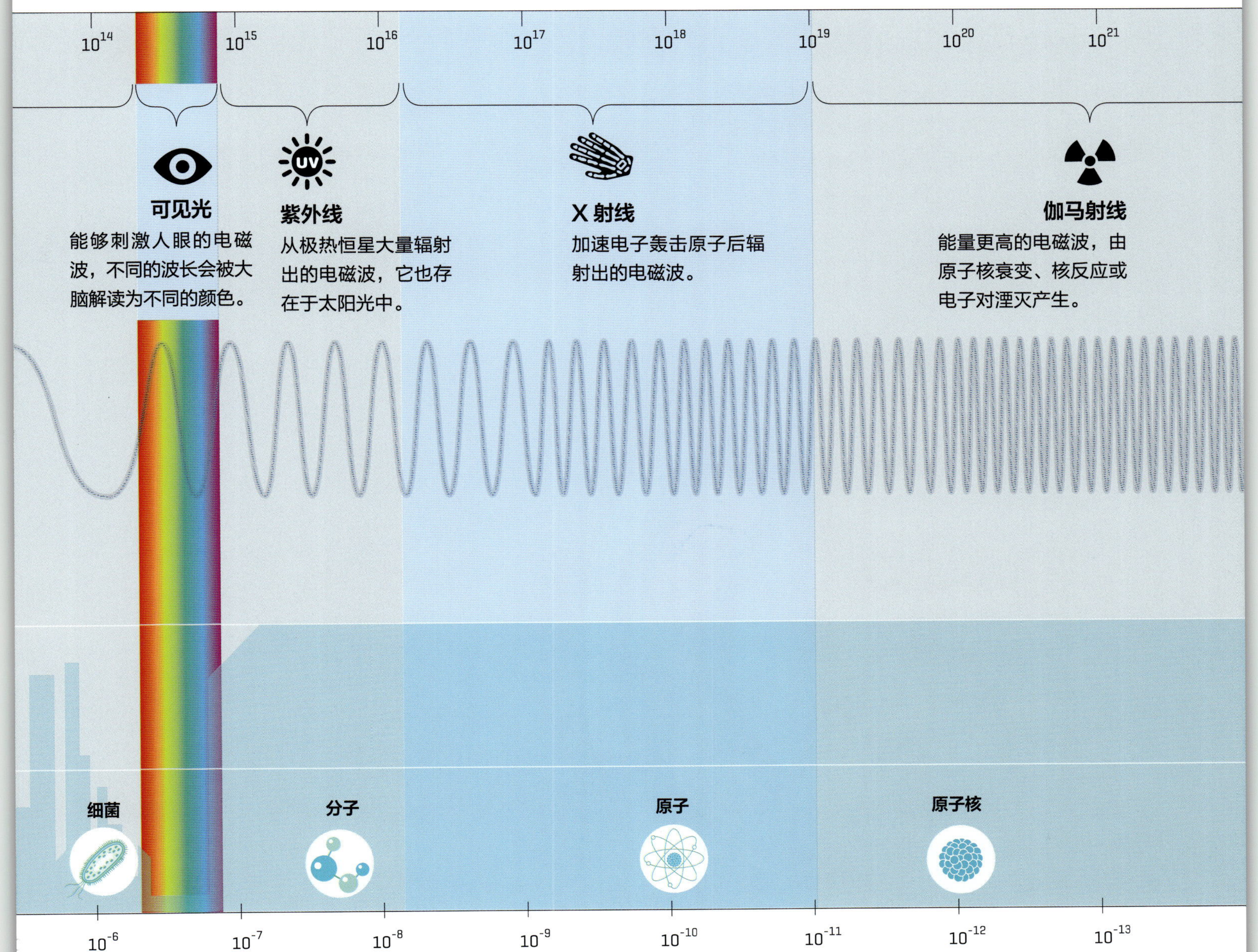

高能天体物理学

在能量最高的电磁波段观测宇宙，可以为我们提供有关宇宙中的最极端物理过程的宝贵信息。

仙后座 A

X 射线波段下的这个超新星遗迹，以不同的颜色显示了由一颗大质量恒星的超新星爆发所产生的化学元素。

高能天体物理学负责研究这样一类天体：它们的物理过程会使物质处于能量非常高的状态。活动恒星、相互作用的双星系统、中子星、脉冲星和它的相对论性星风、黑洞、超新星遗迹、伽马射线暴、星系团和星系群、活动星系……这些只是宇宙中可观测天体的几个例子。

辐射有潜在的危险吗？

某些高频电磁辐射又被称为“电离辐射”，即它的能量高到足以使电子从原子的束缚中分离出来，这就是它能够电离的原因。一方面，在电离辐射与人体的分子相互作用时，电磁波会将它们的能量转移给这些分子并严重地破坏分子结构。另一方面，“非电离辐射”的危害通常要小得多，甚至有时是无害的，当然我们还是必须防止受到紫外辐射。

高频辐射

伽马射线、X 射线以及部分的紫外线都属于电离辐射，因为它们的频率都很高，通常计量单位是艾赫兹（EHz），即 10^{18} 赫兹。

另外一部分紫外线和全部可见光都属于非电离辐射，它们的频率范围从太赫兹（THz，10^{12} 赫兹）到拍赫兹（PHz，10^{15} 赫兹）。赫兹（Hz）是国际单位制中表示频率的单位，其含义是 1 秒内事件重复的次数。

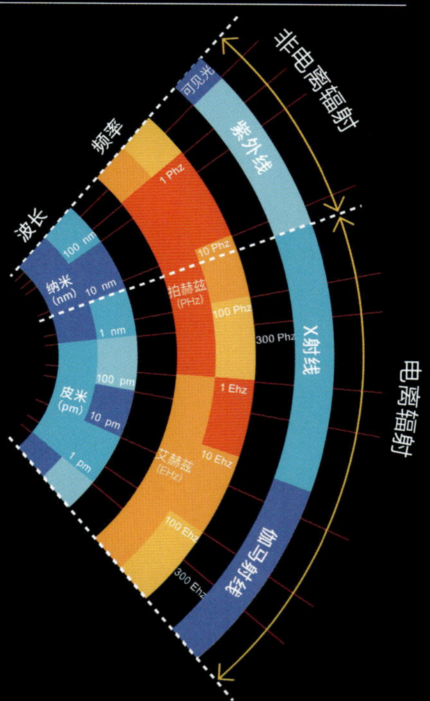

NGC 1333

在 X 射线（粉）、红外线（红）和可见光（红、绿、蓝）波段对该星云进行观测，可以发现一群恒星在这片混沌中诞生。

圆规座 X−1

X 射线（蓝）和射电波段（紫）的观测结果。这是我们已知的最年轻的 X 射线双星，其中的中子星还不到 4 600 岁。

“魔戒”

如果用可见光和低（红）、中（绿）、高（蓝）三种能量的 X 射线观察，会发现圆规座 X−1 周围出现了四个明亮的光环。

战争与和平星云

战争与和平星云（NGC 6357）位于天蝎座，图像为光学（蓝）、红外线（橙）和X射线（紫）观测结果的合成影像。辐射来源于炽热的年轻恒星与星际气体和尘埃之间的相互作用。

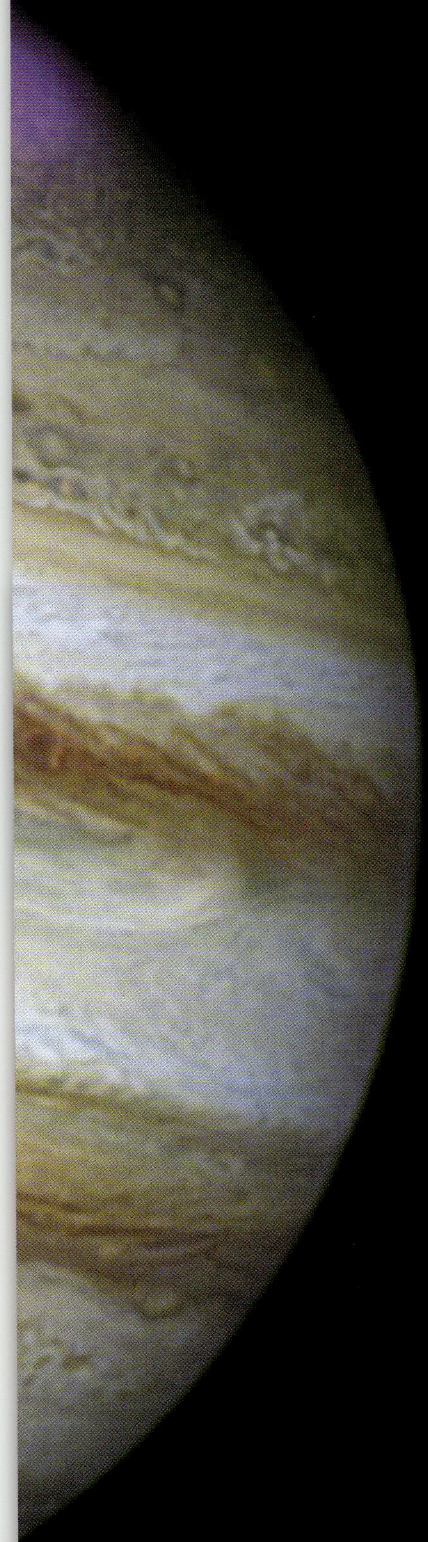

太阳和太阳系中的行星

高能现象不仅仅发生在遥远的宇宙深处，在我们邻近的空间中，同样也发生着许多高能现象。随着科技的发展，我们开始逐渐发现和了解它们。

左图：木星的极光，由太阳风暴导致

来自太阳的紫外线

太阳大气中的紫外辐射为科学家们提供了一系列关于太阳本质的极具启发性的数据，其中包括它的动力学过程、每一层的密度、温度以及化学成分等。

太阳大气中发生的事情不可能全部被看到。在这样的限制下，科学家们转而利用紫外线来研究上层色球层的磁场物理性质、日冕的动态，以及太阳风的起源。极紫外波段尤其令人感兴趣，因为它们从日冕而不是从光球中发射，这样就可以直接揭示日冕的结构，这种结构也就不会淹没于太阳的光辉之中。

空间气象学

由太阳风暴导致的高能粒子爆发会给人类的技术系统带来多种影响和危害，包括断电、通信中断以及影响卫星的正常运行等，严重时甚至能导致整颗卫星失效。太阳的紫外线能为我们提供有关太阳风暴起源的信息。通过了解太阳大气中发生的反应，科学家们可以据此预测出太阳风暴发生的时间和强度。

日珥

日珥是大型的气态结构，从太阳表面向着日冕方向升起，其环状结构深入太空达数千千米之远。这些等离子体的温度远低于日冕温度，它们在磁场的作用下扭曲，沿着一个闭环流动。

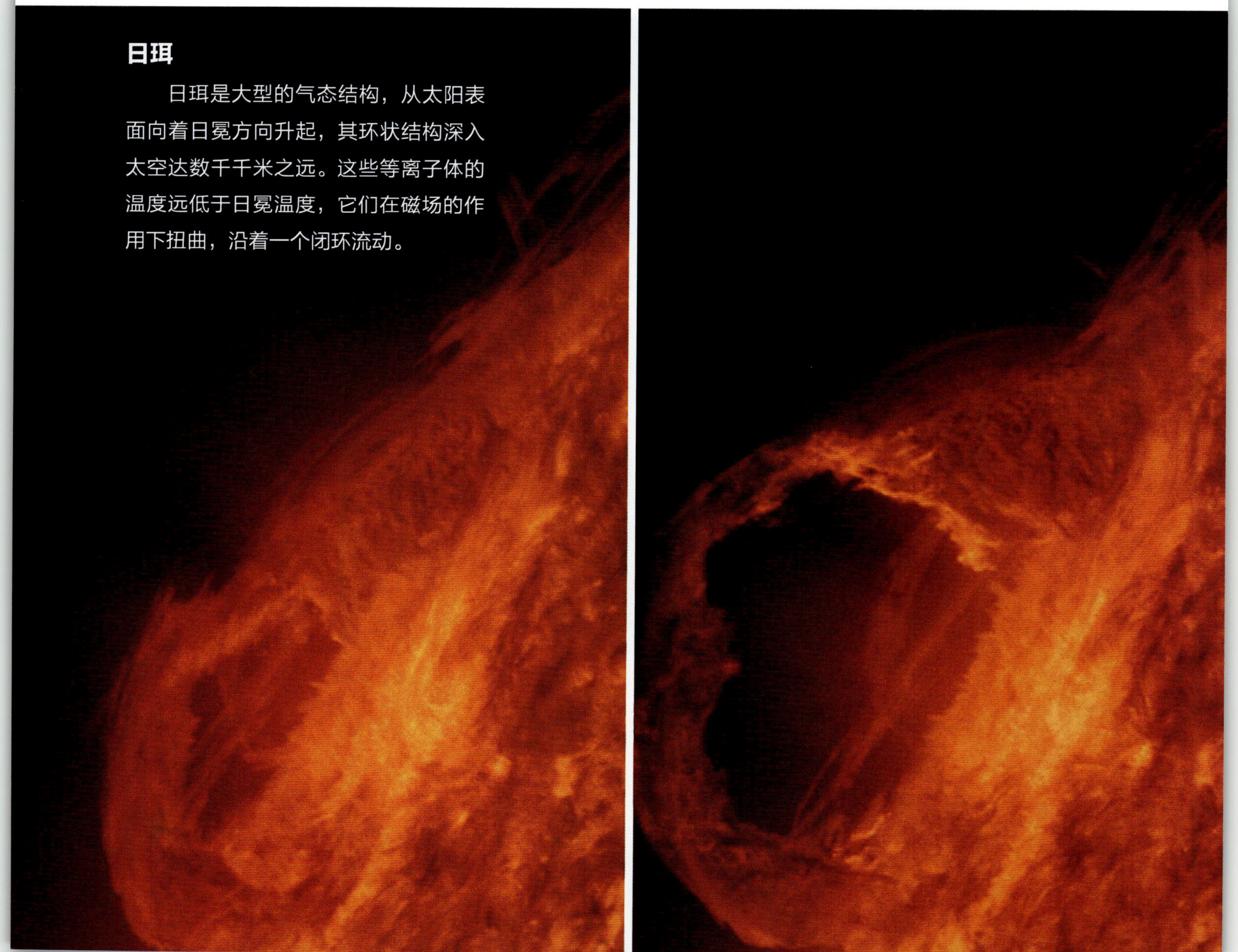

臭氧层和太阳紫外辐射

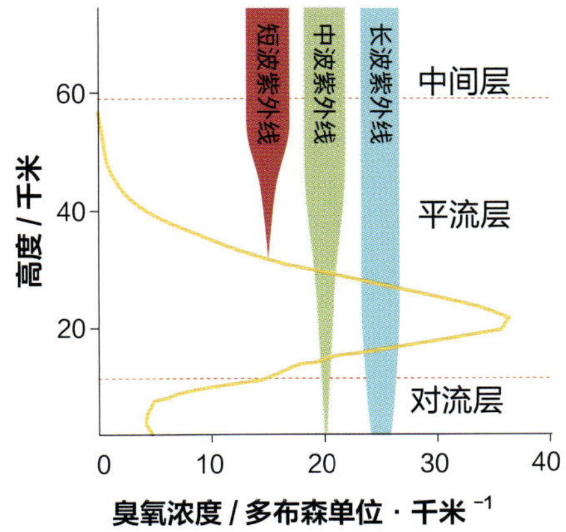

该图显示了处于不同海拔的臭氧（O_3）浓度（黄色曲线）以及不同波长的紫外线穿透地球大气层的能力。大部分的长波紫外线（UV-A，蓝）可以到达地表，它对细胞的伤害最弱。部分中波紫外线（UV-B，绿）被臭氧层吸收，它会引起灼伤和基因损伤。短波紫外线（UV-C，红）对细胞的伤害最大，但它被臭氧层全部吸收，因此无法到达地表。

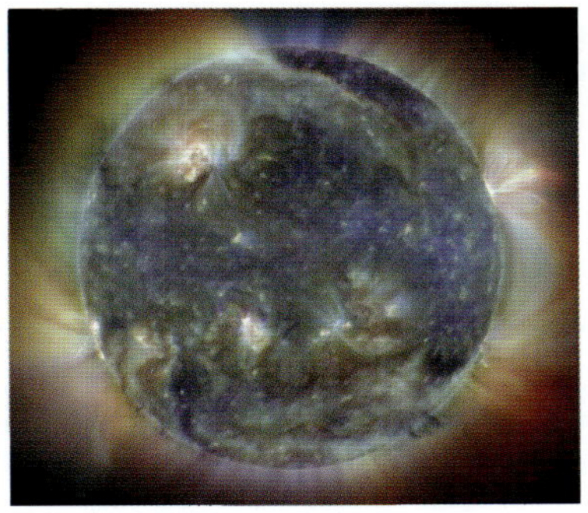

太阳的颜色

此图由三种不同波段的紫外线影像合成而来，图中的不同颜色显示出不同波长下的太阳的特征。

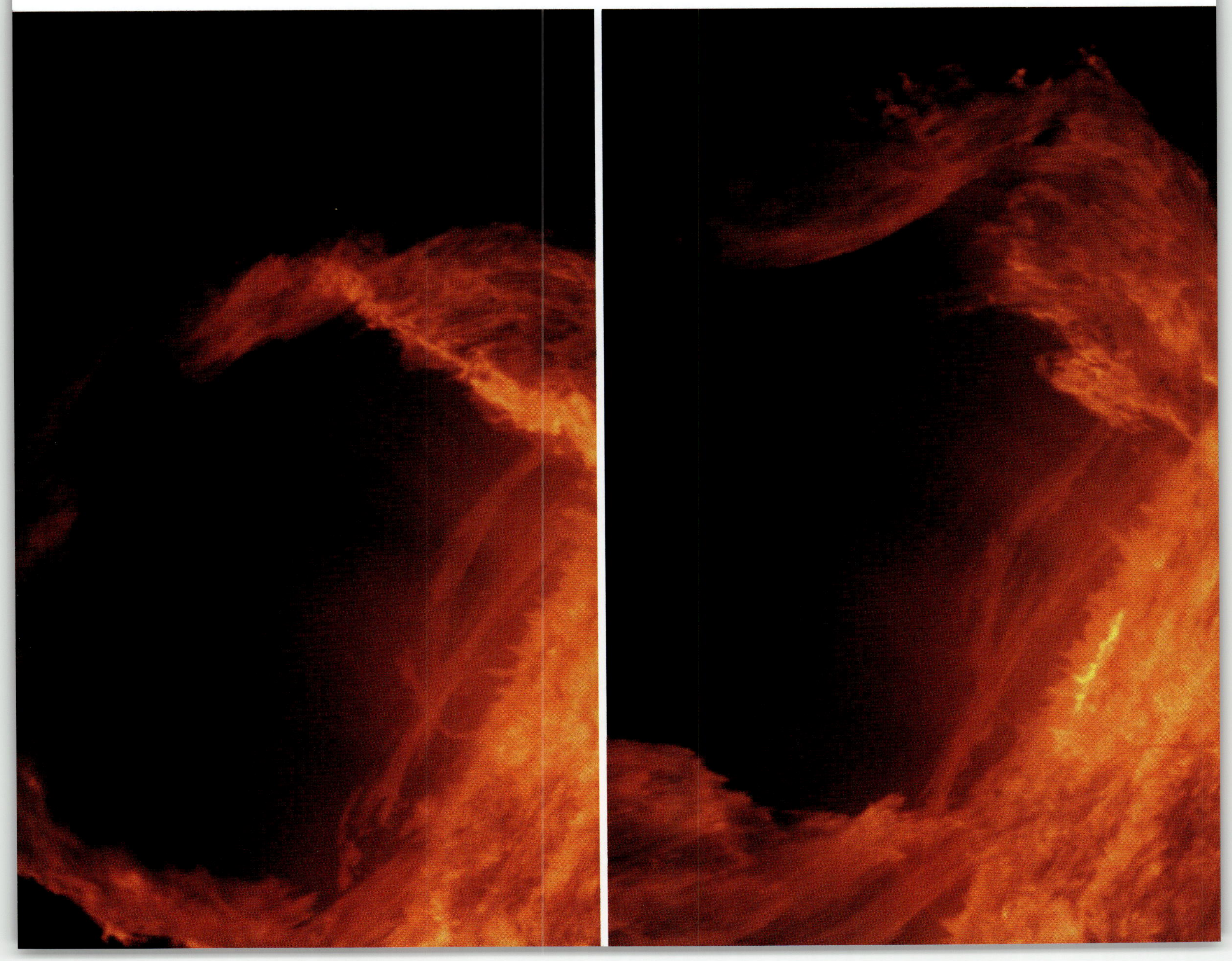

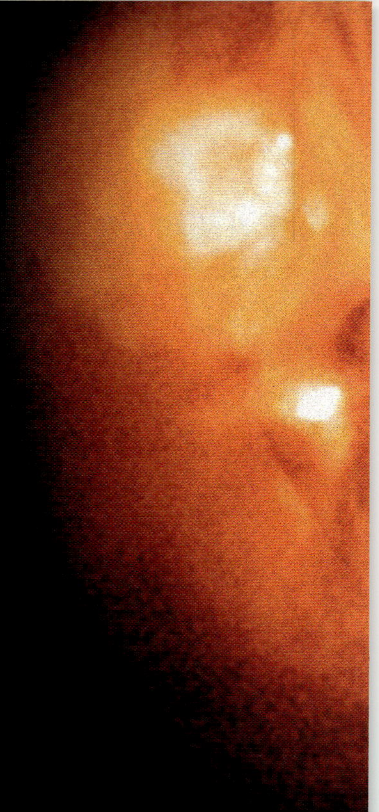

日冕中的 X 射线

日冕能发射出强烈的 X 射线，但是其加热机制一直是一个谜。只有非常炽热的气体才能够发射出这种辐射。

1949 年 9 月，美国科学家赫伯特 · 弗里德曼（Herbert Friedman）设法证明了太阳是 X 射线的一个重要来源。这些 X 射线不是来自太阳表面，而是来自日冕，即太阳大气的最外层。随着太阳活动周期性地由大变小，太阳磁场的结构也相应地由复杂变简单。虽然日冕部分非常活跃，变化以分钟计，但是也存在一些可以持续数月的持久结构。事实上，自从这一现象被发现以来，由日冕活动而导致的 X 射线辐射就从未停止过。

冕洞

冕洞是日冕层中较冷的区域，因此它的等离子体密度也低于恒星的平均密度。尽管由于日冕的不均匀性，冕洞不断变化，但是它们都与朝向星际空间敞开的磁力线相关，而且通常出现在太阳的两极。一般来说，在 X 射线影像中，两极区域会显得最暗。

多姿多彩的太阳活动

在图中，你可以看到太阳的各个活动区和闪光区域：蓝色表示高能 X 射线，绿色表示低能 X 射线，黄色和红色表示极紫外光。

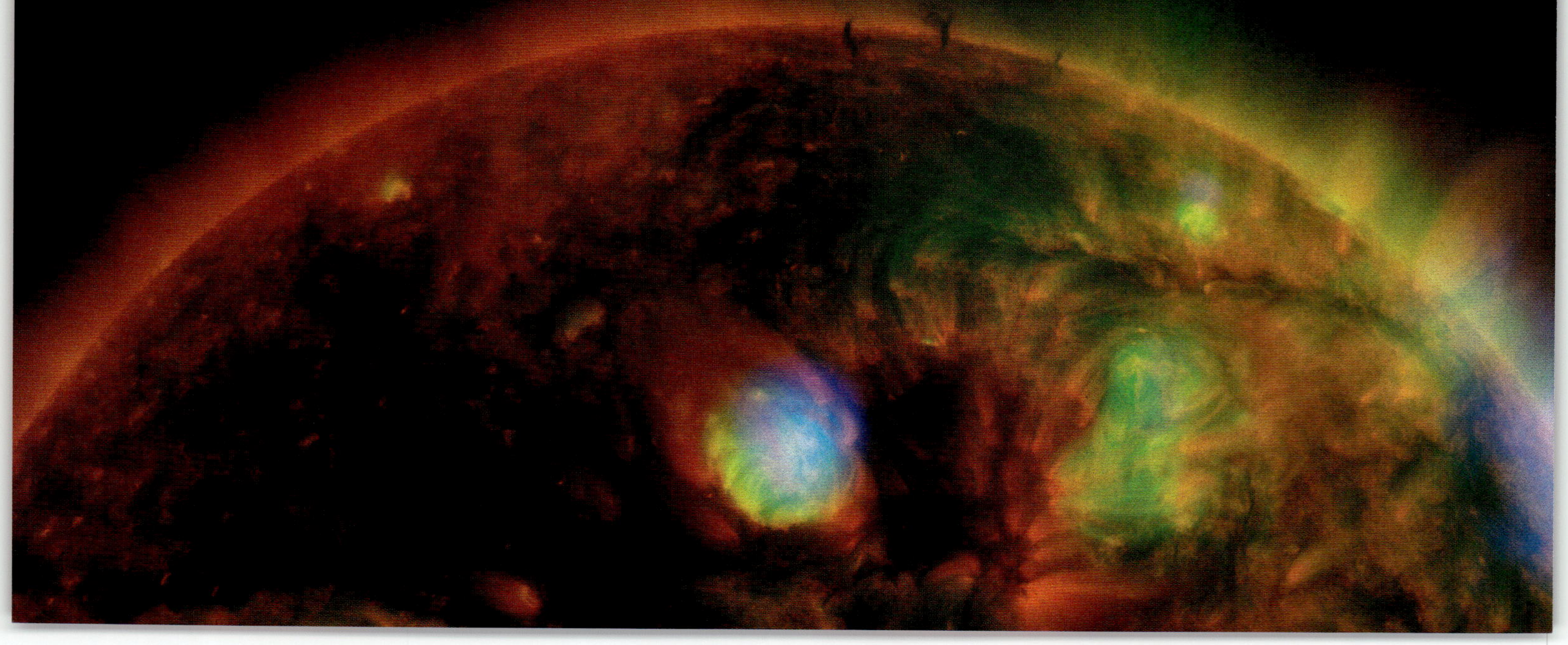

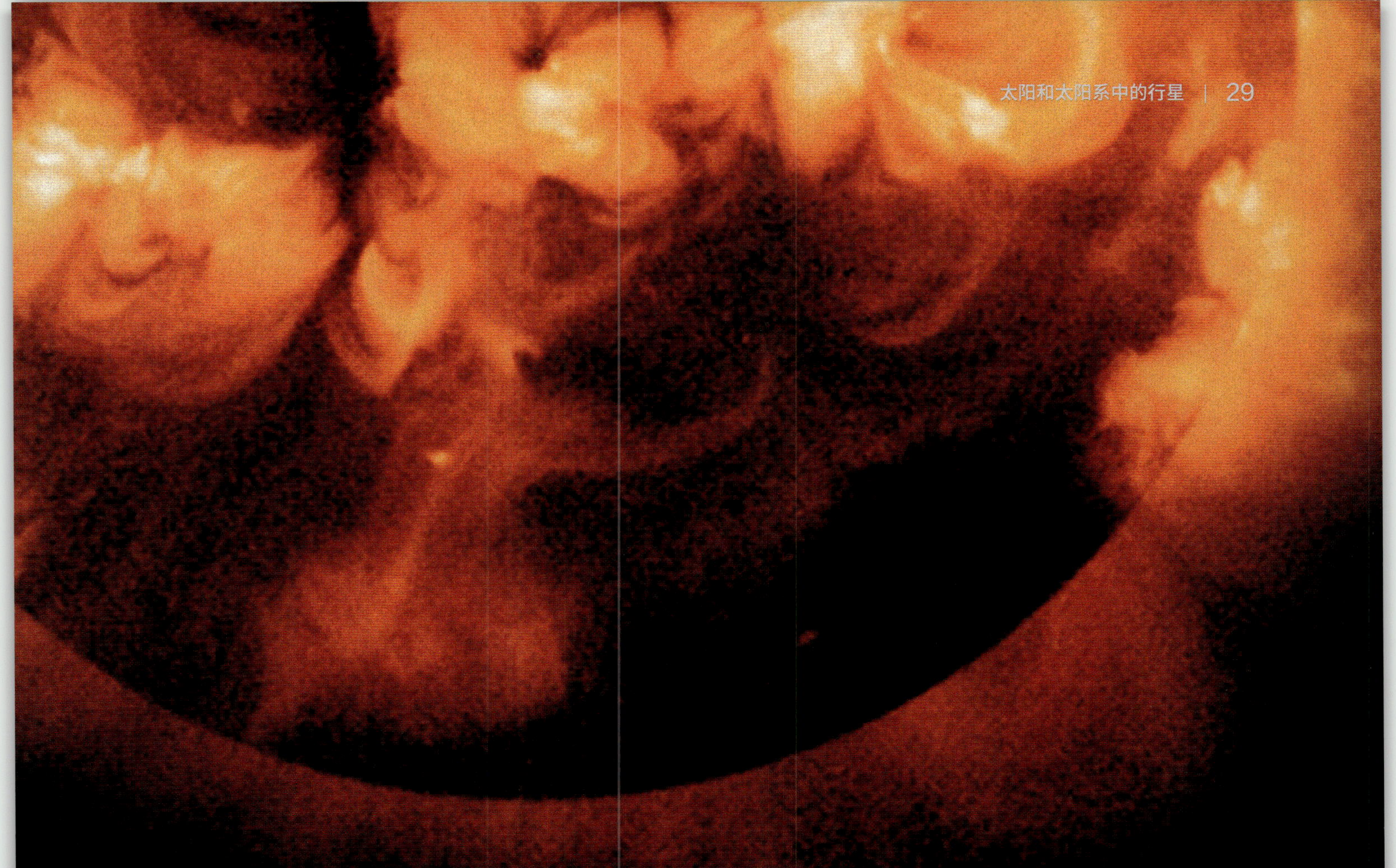

日冕中的 X 射线

日冕由等离子体组成，温度高达数百万摄氏度，且还会发射 X 射线。

神秘的日冕加热

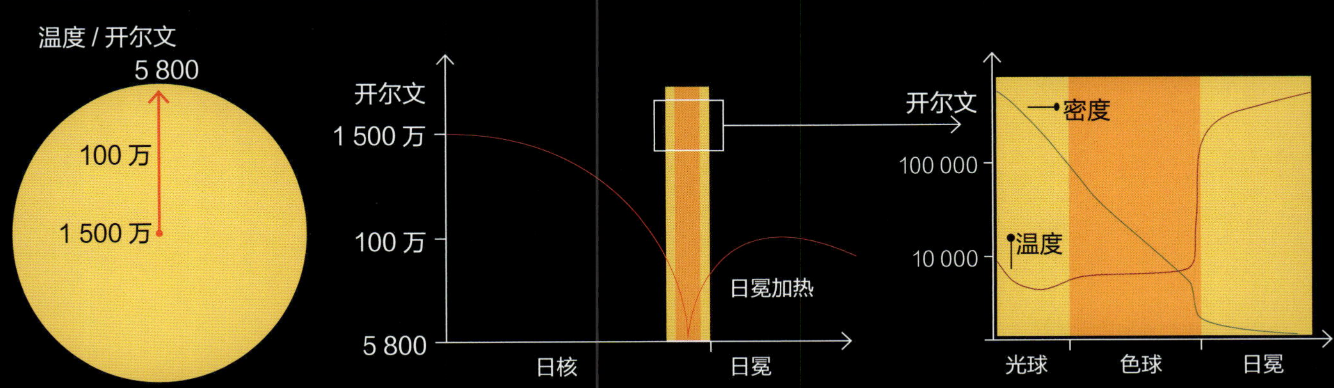

关于太阳，科学尚未解决的问题之一就是日冕反常加热的起因。众所周知，日冕温度比光球温度高得多，但是其真正的原因尚未可知。加热机制可能与有规律的间歇性爆炸相关，即所谓的“微耀斑”，其能量相当于正常耀斑的十亿分之一。这样的微耀斑每秒发生数百万次，足以加热整个日冕。虽然与太阳相比，微耀斑们微不足道，但是它们每一个都具有 10 兆吨氢弹的能量。

紫外波段下的土星

许多人眼看不到的气体在紫外波段变得可见。科学家们利用这一点来研究行星大气以及气候。

在紫外波段，你可以看见一些在其他波段不可见的东西。我们可以利用这一点来研究例如土星大气、光环，以及它的卫星们。基于此，卡西尼号土星探测器装备了对紫外线敏感的仪器，使我们得以研究土星夜半球的大气成分，并观测太阳和恒星发出的光是如何穿过土星大气和光环的。此外，科学家们还可以研究土星卫星们的暗面。这一成果促进了对土卫六的高空大气成分的研究，还帮助确定了另一颗卫星——土卫二南极附近爆发的物质柱的主要成分是水。

土星环

在伽利略发现它们的四个世纪之后，土星光环依然是太阳系中最耀眼的景色。然而，我们还是不清楚它们是如何形成的。一种理论认为，它们与行星同时形成，与太阳系同龄；而另一种理论是，它们源自另一天体的冻结物质，在土星引力场的作用下形成光环，因此光环比行星自身要年轻。

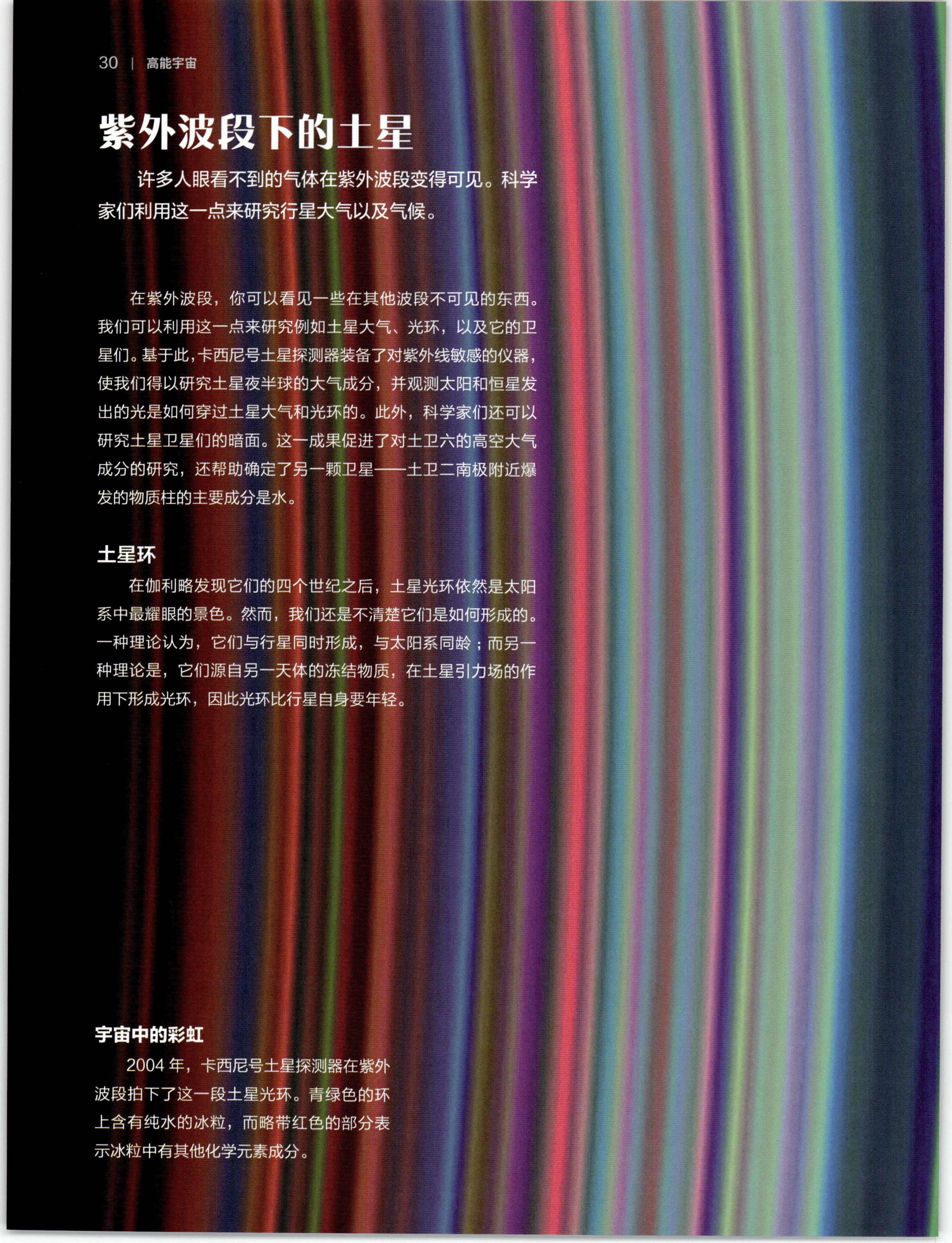

宇宙中的彩虹

2004 年，卡西尼号土星探测器在紫外波段拍下了这一段土星光环。青绿色的环上含有纯水的冰粒，而略带红色的部分表示冰粒中有其他化学元素成分。

倾斜的土星环

土星绕太阳一周需要 29.5 年，就像地球一样，其间，土星相对于太阳的倾角也会发生变化。这意味着大约每过 30 年，我们就可以以最大倾角观察到土星及其光环，并从罕见的视角看到土星南极以及光环的南侧——如图所示。此图由哈勃空间望远镜在紫外波段拍摄。

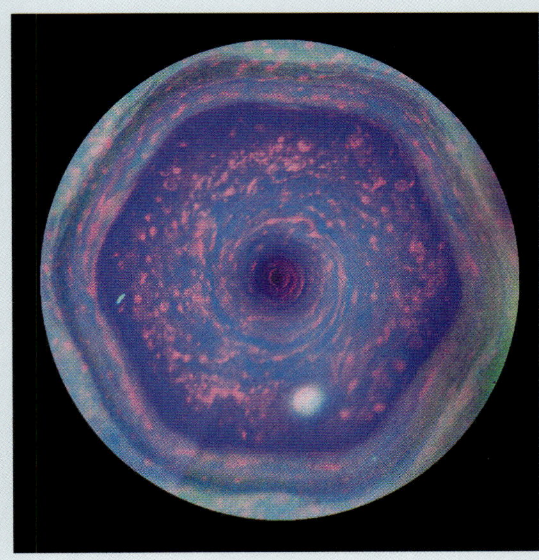

土星风暴

这个汹涌的飓风被称为“六边形风暴”，位于土星北极附近。地球上的飓风一般持续一周左右，但是这个边长 13 800 千米、仅飓风眼面积就是地球飓风的 50 倍的六边形风暴已经持续了几十年，并且丝毫没有减弱的迹象。在巨大的中心风暴周围，风沿逆时针方向旋转。

木星磁层

木星的两极区域永远舞动着极光，这是由太阳系中规模最大的磁层——木星磁层中的粒子流，以及木星与木卫一之间的相互作用共同形成的，在几乎所有波段都可以观察到它。

木星极光比地球极光亮数千倍，能量也是后者的数百倍。一直以来，它的产生有两方面原因：一是来自太阳的荷电粒子与木星磁层的碰撞；二是受到木星与木卫一相互作用的影响。然而，对木星紫外线辐射的观察表明，有一些亮度暴增与太阳无关，而是由极光激增的短暂闪光所导致，这一现象尚未得到充分的研究和解释。

木卫一的决定性作用

木星和木卫一之间的相互作用是产生木星极光的一个原因：木卫一的火山将带电的离子和电子喷射到木星周围，进入其周边的强大磁场中。这些荷电粒子云与行星一起高速旋转，并从木卫一拖拽出一些物质，在木星两极产生了强大的电场。电场加速带电的离子和电子并产生了强大的极光，这些极光在高能波段更为明亮。

太阳系中最大的磁层

木星磁场在太阳风的作用下生成了一个空腔，即“磁层”。它在朝向太阳的方向上延伸了大约700万千米，而在相反方向上几乎可以到达土星轨道。这是整个太阳系中最大的磁层，大到即使容纳太阳和日冕，也还有大量剩余空间。磁层吸引并加速粒子，同时在行星周围产生辐射带，类似于地球周围的范艾伦带，但是强度却高出数千倍。

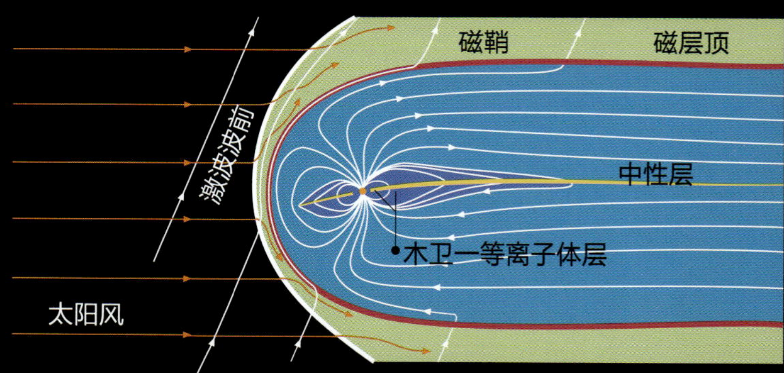

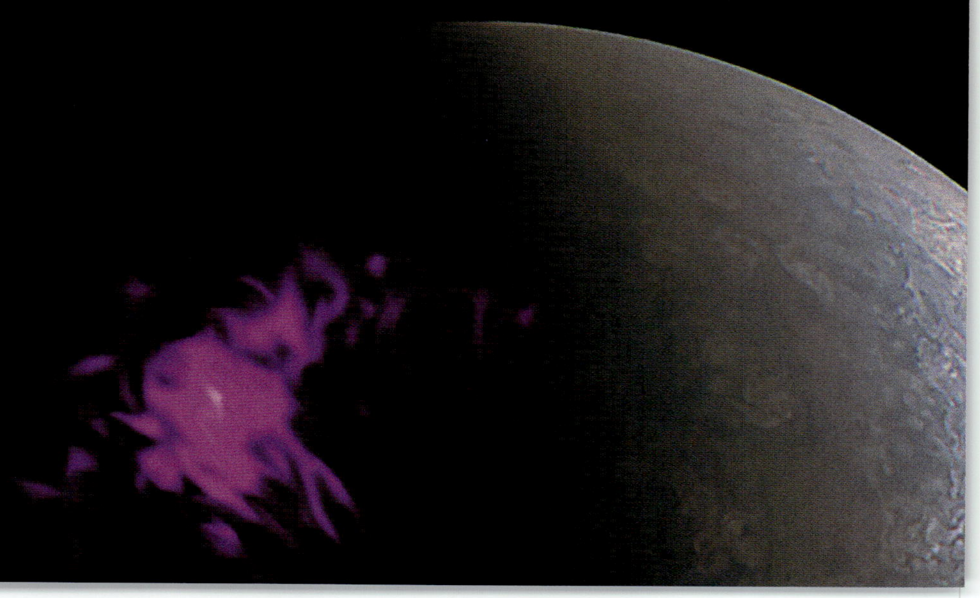

南极

对木星进行的 X 射线观测表明，木星南极光的强度低于北极光。

北极

木星两极的极光大相径庭。这与地球不同，地球上南北两极的极光非常相似。

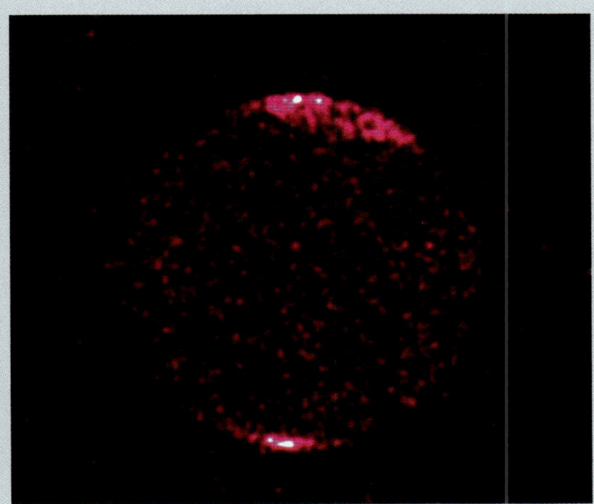

极光中的 X 射线

我们已经发现，来自木星北极的 X 射线源自单个的脉冲“热斑”。据信，它们是被囚禁在木星磁场中的高能氧离子和硫离子与木星大气碰撞之后的产物。对于这些 X 射线来源的确切研究，更加强化了这一理论，即木星磁场捕获并加速了这些来自太阳的离子，将它们送往北极。在那里，这些荷电粒子与行星大气中的原子和分子碰撞并激发。能量释放产生的光芒形成围绕着磁极的大圆环，这就是极光。

木星的极光

围绕着木星北极的紫外线圆环。这些较亮的点的产生是由连接木星及其大卫星电离层的磁力线管所导致的。其中左侧的亮点连接木卫一，中间的亮点连接木卫三。

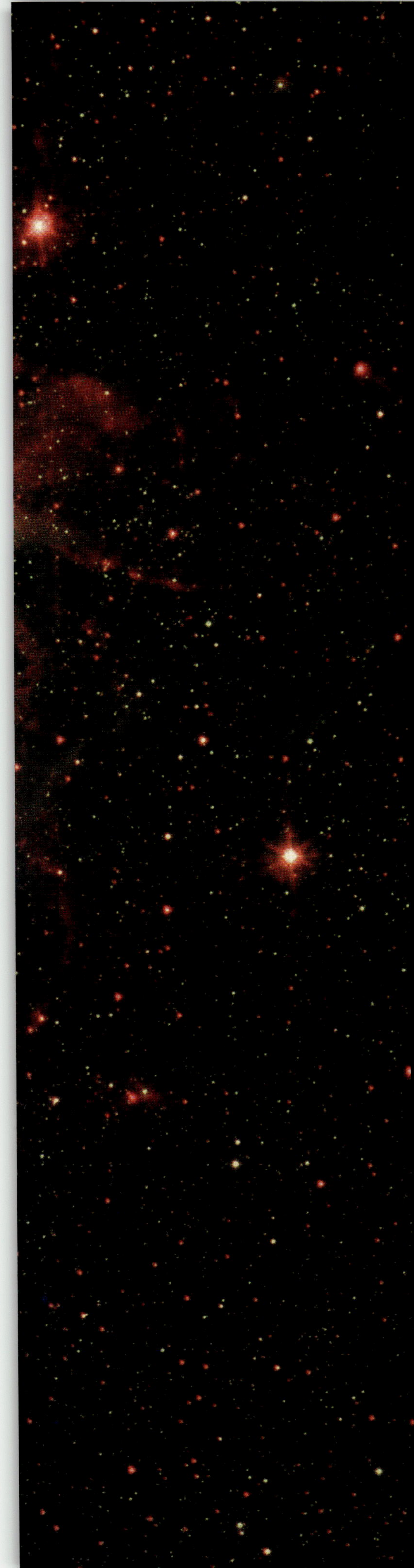

恒星的 高能活动

太阳这样的恒星，是相对安静的恒星。然而，有一些恒星却能产生宇宙中最高能的现象。这些现象如果出现在地球附近，其能量足以完全终结地球上的生命。

左图：NGC 1929 中的大质量恒星发出强烈辐射

恒星活动

太阳的一系列活动被证明与磁场的存在有关，同样，很多与太阳相似的恒星，也会因为类似的原因在 X 射线波段显示出明显的活动迹象。

太阳上有像日珥这样高能的现象，巨大而炽热的气体喷流在磁场作用下沿着弧线被喷射至距离太阳表面数千千米的高空。在一些与太阳相似的恒星上也存在着与恒星磁场相关的类似高能现象，其中最突出的当属耀发。这是一种恒星亮度急剧增加的现象，持续时间从几分钟到几小时不等。

耀星

“耀星”一词源于鲸鱼座 UV，它位于鲸鱼座内，是双星系统鲁坦 726-8 中的一颗恒星，距离地球约 8.7 光年。1948 年被发现时，它的亮度激增了 160 倍。这一现象的通常模式是，一颗昏暗的主序星突然发出刺眼的光芒。自从鲸鱼座 UV 被发现之后，又有许多这样突然闪耀的恒星被发现，从典型的由冷暗恒星发射的 X 射线到射电波段，几乎覆盖了全波段。科学家们研究了恒星的质量、年龄和自转周期是如何影响耀发的各项参数。尽管太阳活动与这些恒星的活动之间存在一些差异，但这两者还是经常被拿来比较。因为普遍认为，这些恒星上的各种现象和活动就是太阳活动发生在更大规模尺度上的结果。

冕环中的 X 射线

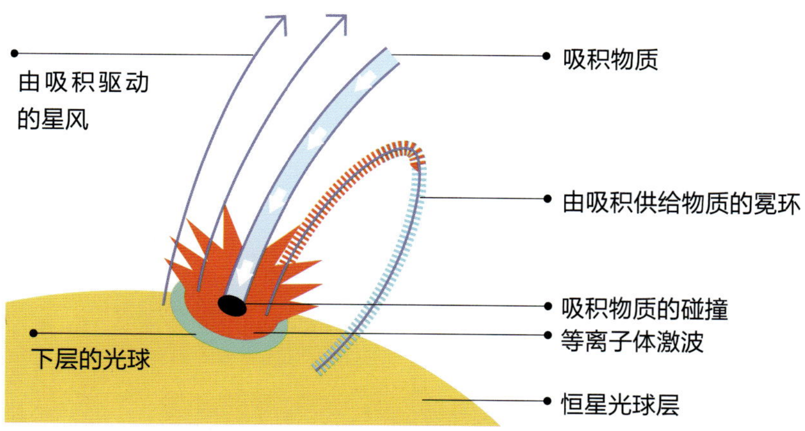

天文学家们一直在探讨年轻恒星冕环（即电离气体的巨大喷流）中发射出的 X 射线，并提出了几种可能的机制来解释这一现象，比如星冕的磁场活动，或者来自原恒星盘的物质累积到年轻恒星表面。据估计，这种由物质转移导致的累积将引起星风、耀发和冲击波。

NGC 604
它是本星系团中最大的恒星形成区，位于三角座星系（M33）附近。图中是它在 X 射线（蓝）和可见光（红和绿）波段的影像。

天鹅座 OB2
它是由许多年轻的、大质量的、炽热的恒星组成的星团，位于银河系。图中是它在 X 射线（蓝）和可见光（绿）及红外波段（红）的影像。

船底座星云

X 射线波段的船底座星云。据信，它包含大约 1.4 万颗恒星，其中一些较大质量的恒星已经在超新星爆发过程中被摧毁。

日冕环

日冕活动区中的一系列明亮的环圈，可在日冕物质抛射之后，于极紫外波段被观测。

中子星和脉冲星

中子星半径小，但是质量巨大，是宇宙中除黑洞之外最小和最致密的星体。它们的旋转速度极快，辐射波束会以脉冲的形式传到地球，使我们得以探测到它们。

超新星爆发之后，大质量恒星核的引力坍缩是中子星的成因。中子星的半径通常为十几千米，但是质量超过地球质量的一百万倍。爆发后，坍缩增加了恒星密度，这使得电子被压到原子核中，与质子结合形成大量中子，同时提高了星体的自转速率。新形成的中子星每秒自转可高达几百圈，并且拥有极强的磁场，通常作为一个孤立天体位于超新星遗迹之中。部分中子星会发射强大的电磁辐射波束，因此被称为“脉冲星”，我们可以通过这些脉冲探测到它们。

脉冲星的本质

脉冲星就是旋转的中子星，它们的辐射波束转到某处时会正好落入地球的视线内，也只有波束指向地球时，我们才能够观测到这些发射信号。因此，脉冲星的观测信号具有准确性和周期性。经过数百万年的旋转，脉冲星耗尽了所有的能量，最终将成为一颗普通的中子星。

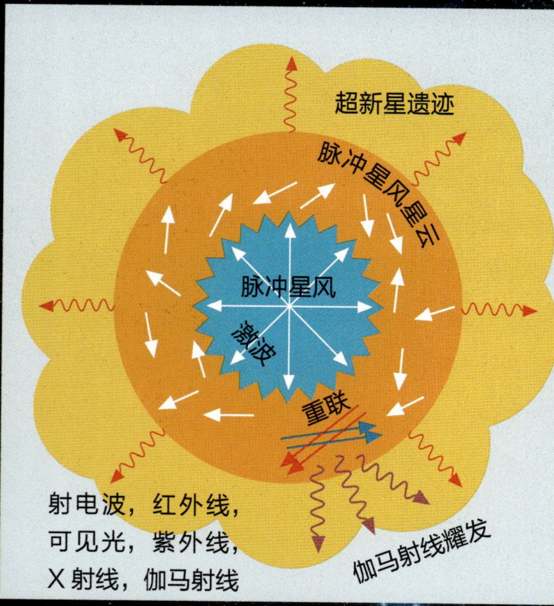

脉冲星风星云

脉冲星风星云是一种在其中心脉冲星的星风驱使下形成的超新星遗迹。中心脉冲星旋转并释放出粒子流，粒子流向外扩散，与遗迹物质碰撞。这种脉冲星风与周围物质的相互作用可以解释一些现象，例如观测到蟹状星云中的伽马射线耀发。脉冲星风星云不仅可以用来推算星风的几何结构、能量、成分等，还能够得出脉冲星自身的速度和星际介质的性质。

规律的脉冲

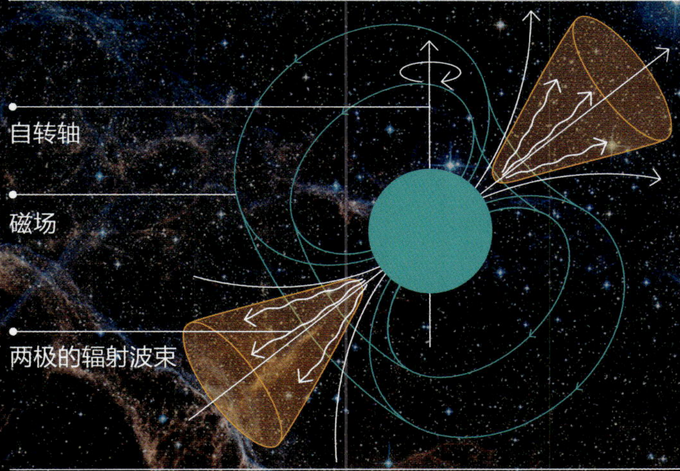

中子星的自转轴和磁轴之间存在偏差，脉冲星自转的同时会从两极发射出电磁辐射波束，这是我们得以探测到脉冲星的原因。当波束指向地球时，我们就将接收到一个脉冲信号。探测到的脉冲频率和这颗脉冲星的自转周期密切相关。

船帆超新星遗迹

船帆超新星遗迹的光学影像中的这颗Ⅱ型超新星爆发于大约 11 000 年前。这种超新星遗迹与脉冲星的结合，直接证明了超新星形成中子星。

X 射线下的脉冲星

除了炽热的丝状气体云，超新星爆发还留下了一个致密得难以置信的旋转恒星核：船帆脉冲星。它距离地球约 1 000 光年，每秒自转 11 周。

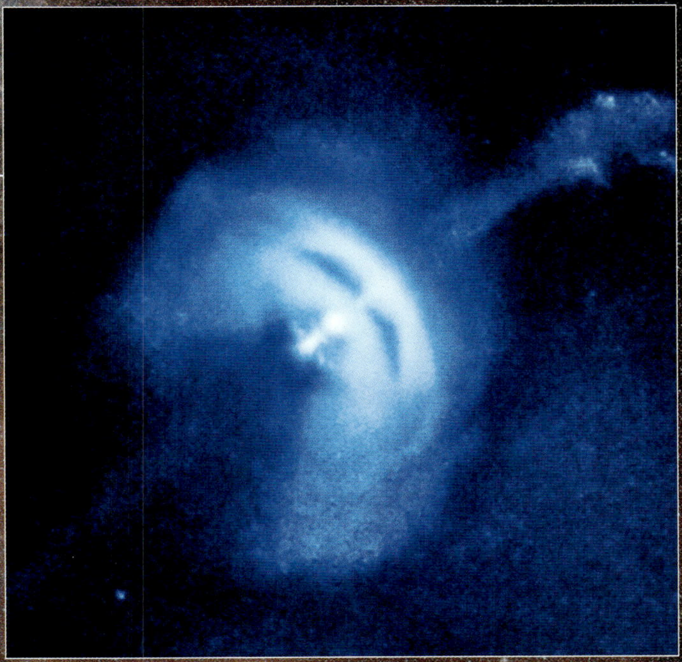

X 射线双星

在这类双星系统中，致密天体吸收伴星的质量，导致强烈且明亮的 X 射线发射。

X 射线双星由一颗普通恒星和一个致密天体组成，其辐射光谱的峰值位于 X 射线波段。其中，质量以吸积盘的形式从伴星向致密天体转移，这里的致密天体可以是黑洞、中子星或者白矮星。引力相互作用使得物质通过吸积盘落入致密天体，并在超高温下被加热，从而发射出 X 射线。

首次探测

X 射线双星是我们在宇宙中发现的第一批 X 射线源，对它们的研究起源于 1962 年对天蝎座 X-1 以及两年后被定位的天鹅座 X-1 的探测。天蝎座 X-1 的光度是太阳光度的 60 000 倍。

X 射线源：天鹅座 X-1

目前，科学家们确信天鹅座 X-1 中心的致密天体是黑洞。对光学、射电和 X 射线的观测数据进行综合分析，可以更加准确地确定这个黑洞的自转周期、质量、距离等参数。同时，这也有助于重建黑洞的历史，从而发现它是如何诞生的。

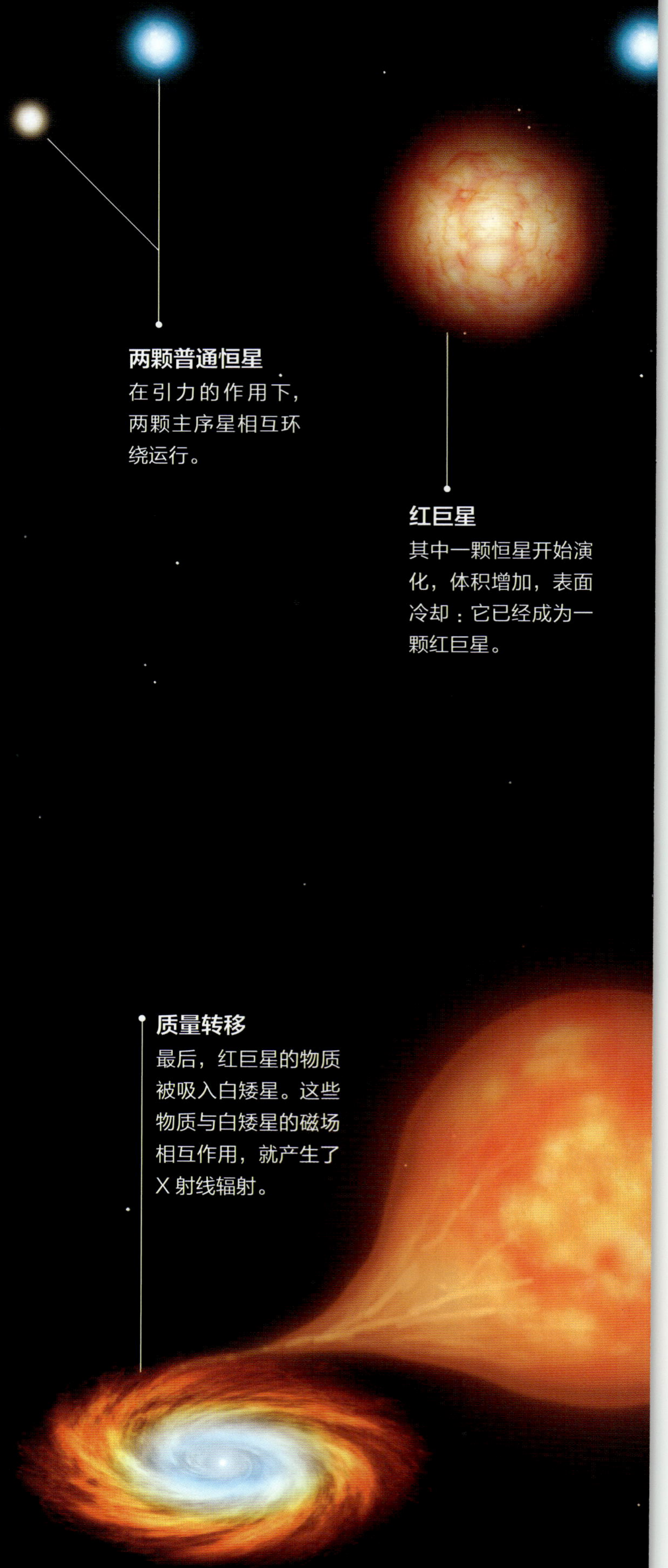

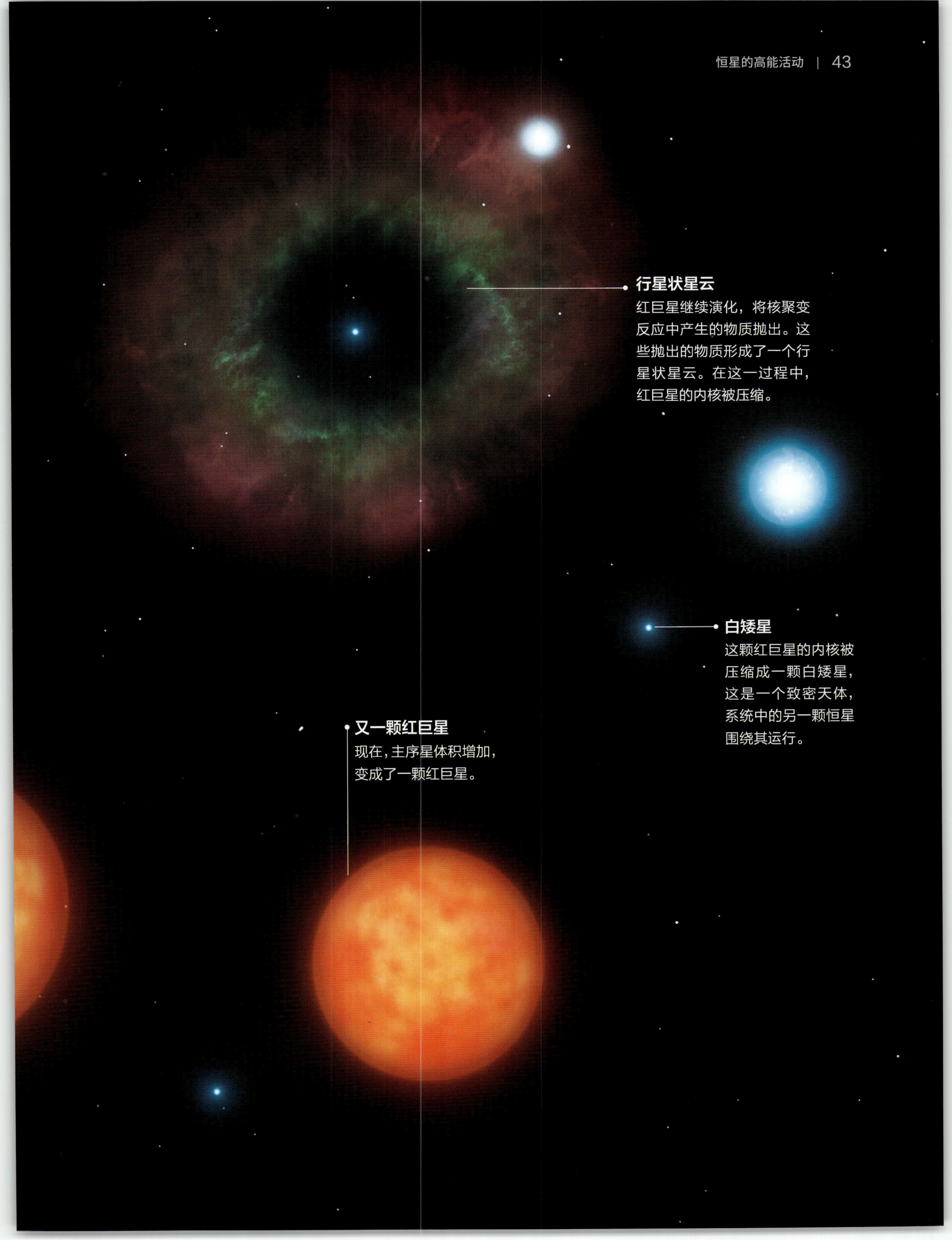
行星状星云
红巨星继续演化，将核聚变反应中产生的物质抛出。这些抛出的物质形成了一个行星状星云。在这一过程中，红巨星的内核被压缩。
白矮星
这颗红巨星的内核被压缩成一颗白矮星，这是一个致密天体，系统中的另一颗恒星围绕其运行。
又一颗红巨星
现在，主序星体积增加，变成了一颗红巨星。

微类星体

图为双星系统的艺术想象图，其中的致密天体从其伴星中吸收物质，同时以波束的形式发出高能辐射。如果辐射峰处于 X 射线波段，那么这就是“X 射线双星”。

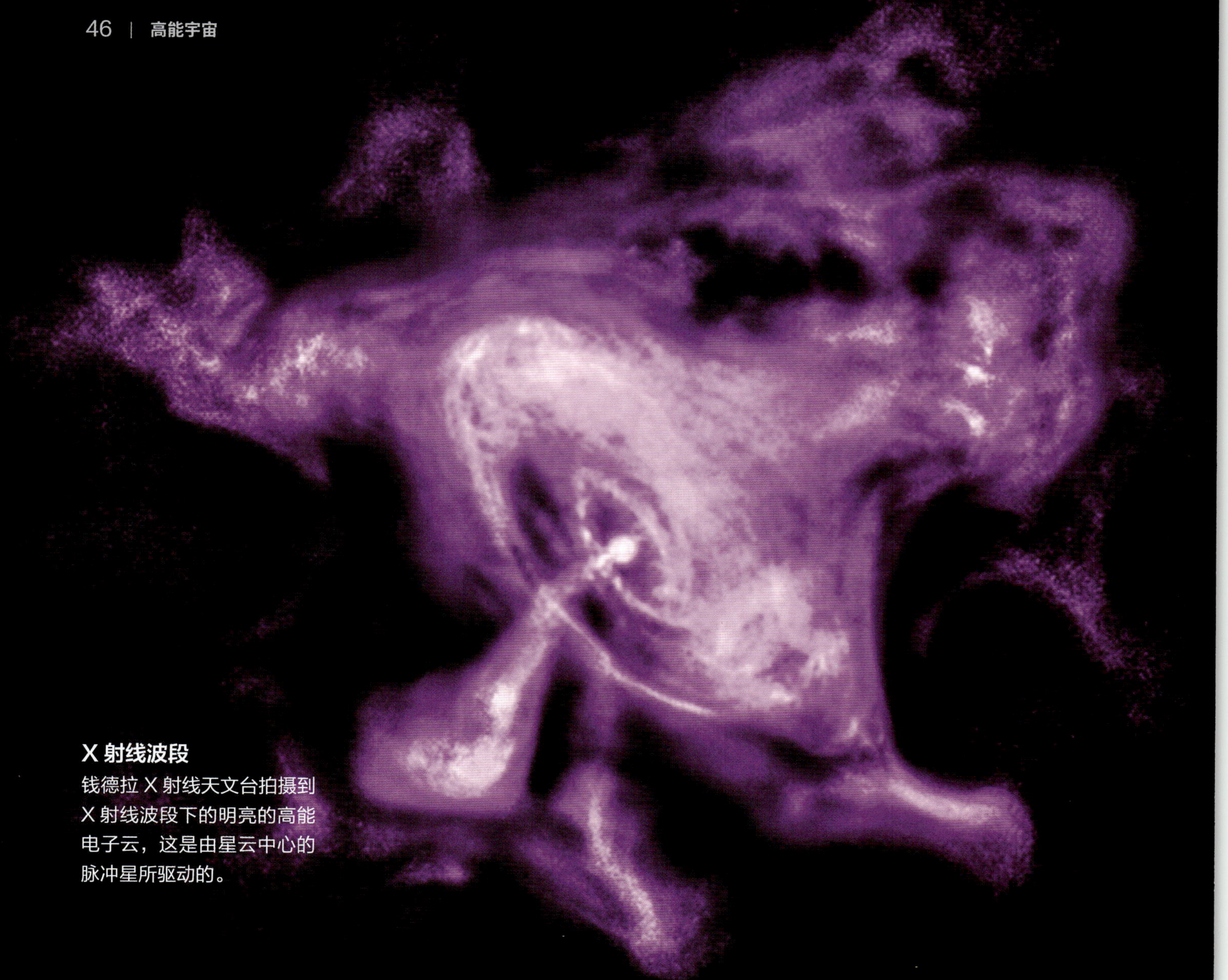

X 射线波段
钱德拉 X 射线天文台拍摄到 X 射线波段下的明亮的高能电子云，这是由星云中心的脉冲星所驱动的。

蟹状星云

这个壮观的星云是 1054 年发生的超新星爆发的结果。由于它的辐射覆盖了整个电磁波谱，因此它也是被研究得最多的超新星遗迹之一。

蟹状星云（M1，又称 NGC 1952），位于金牛座，距离地球约 6 500 光年。这是我们银河系的标志性超新星遗迹，中国和阿拉伯的天文学家们在 1054 年观测到了它的爆发。它被复杂的丝状纤维结构填充，这些物质似乎比从超新星中直接喷射出的物质要轻得多，其速度也比预期的要快。

蟹云脉冲星

蟹状星云是为数不多的、其辐射能覆盖整个电磁波谱的天体之一。从射电波一直到紫外辐射、X 射线和伽马射线，以及中间的可见光和红外线，都可以探测到它的信号。1968 年，在其中心发现了蟹云脉冲星（PSR B0531+21）。这是一颗中子星，其前身星可能是一颗 8～10 倍太阳质量的恒星。这颗脉冲星每秒自旋 30 周，辐射出射电波、可见光、X 射线和伽马射线。此外，天文学家还探测到由其发出的万亿电子伏（TeV）量级的能量。

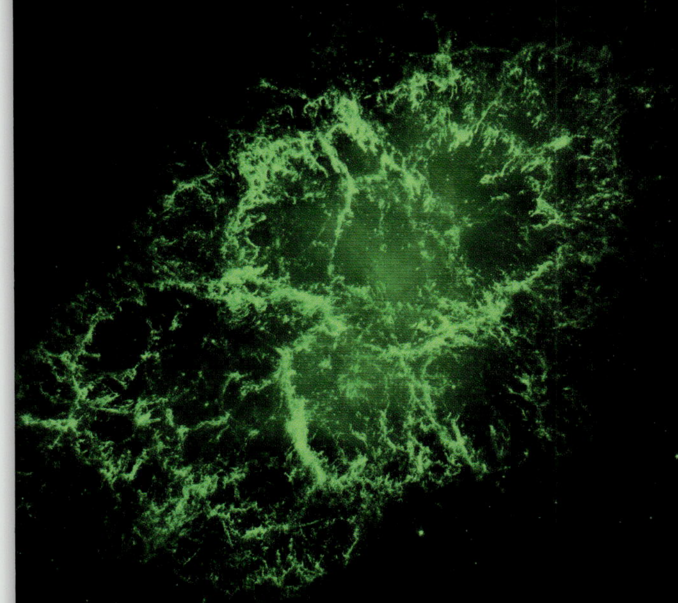

可见光波段

此图由哈勃空间望远镜拍摄，星云中的炽热的丝状纤维结构清晰可见。

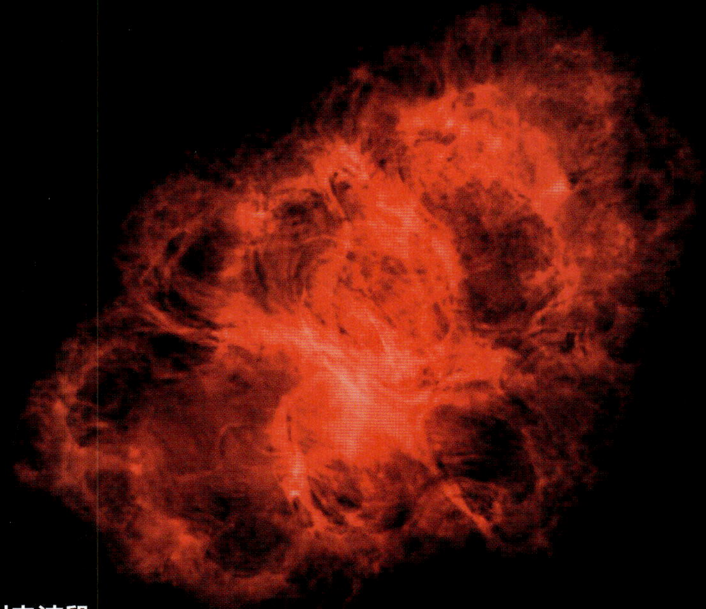

射电波段

射电波由中子星发出的荷电粒子风产生，此图为甚大阵射电望远镜的探测结果。

紫外波段

此图由 XMM– 牛顿空间望远镜拍摄。图中背景恒星呈现蓝色，因为它们的最强辐射信号均落在紫外波段。

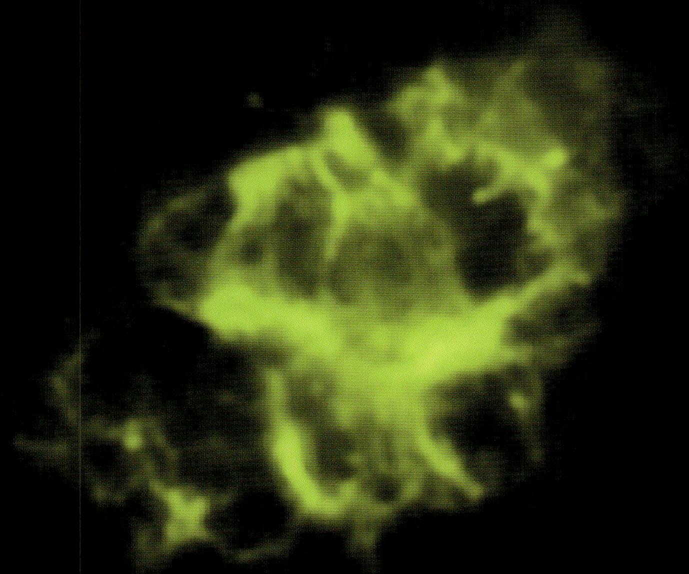

红外波段

斯皮策空间望远镜看到的辉光由尘埃颗粒产生。它们吸收紫外光与可见光，并在能量较低的红外波段重新发射出来。

新星

白矮星表面发生热核爆炸时会被称作新星，其亮度可以在几个小时之内提高到几百万倍，这是由白矮星吸收了伴星物质而引发的。

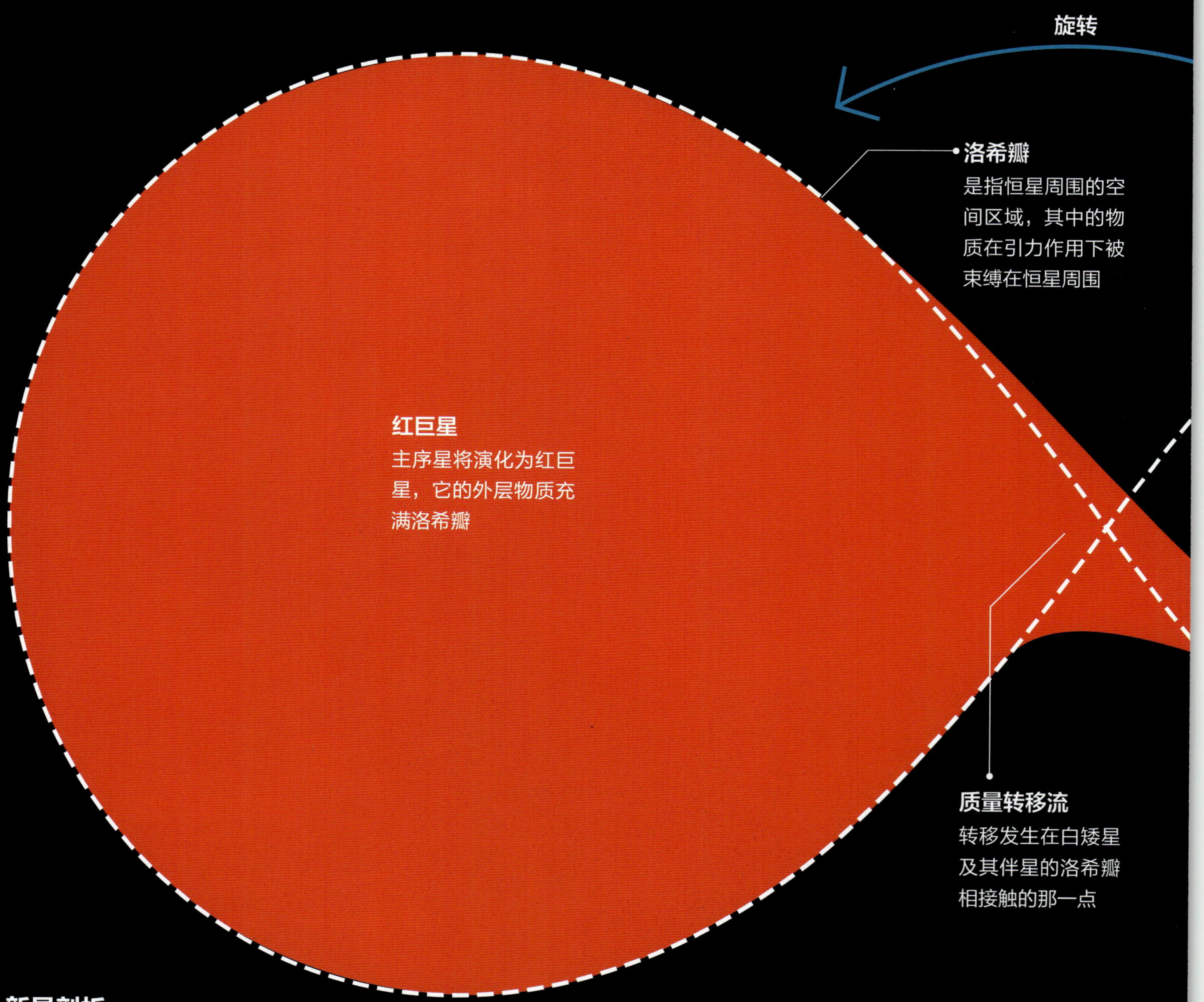

新星剖析

此图展示了新星是如何在双星系统中形成的。这一双星系统由一颗白矮星和一颗已经演化为红巨星的主序星组成。

随着伴星物质的吸收和累积，双星系统中的白矮星表面会发生新星现象。白矮星的强引力场将物质紧紧压在一起，随着物质累积，温度会上升，并在达到临界温度后引发核聚变的链式反应。氢的引燃和它聚变形成氦的过程会导致爆燃，从而引发其他能产生重元素的核反应。

反复出现

通常，如果伴星质量足够大，那么在白矮星的一生中会出现许多次新星。

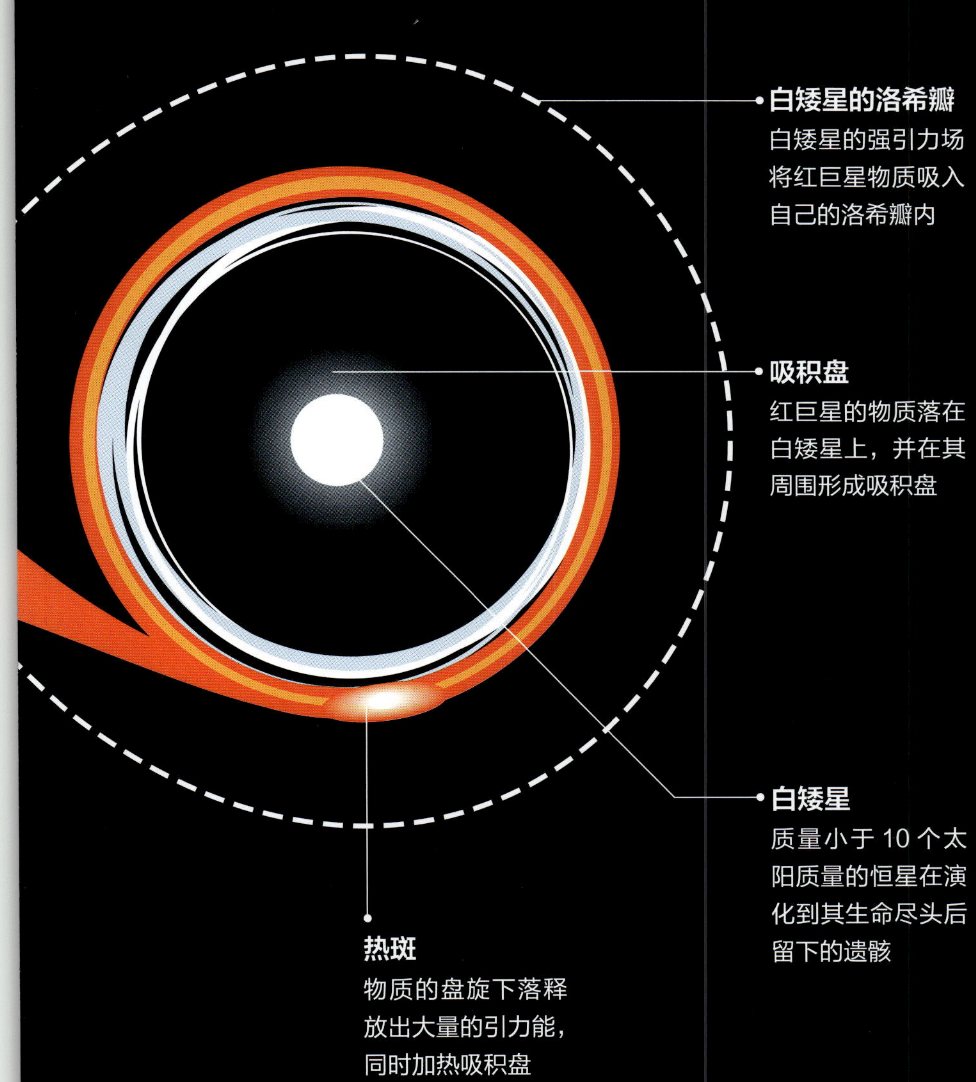

英仙座 GK，一颗经典新星

从上到下，你可以依次看到英仙座 GK 新星的射电波段、X 射线波段、可见光波段以及上述所有波段的合成影像。射电波段影像显示了电子在高能爆炸激波的加速下所发出的辐射；X 射线影像显示了炽热气体的分布；而可见光影像显示了喷射的物质。

引力坍缩型超新星

这种超新星是超大质量恒星的最后爆发，其光芒将使星系中的其他恒星在几周内都黯然失色。它们向外辐射了大量的中微子、紫外辐射、X 射线和伽马射线。

在大质量恒星的生命尽头，当核聚变产生的压力不足以平衡自身的引力时，恒星内核将坍缩，而外层的物质被猛烈抛射出去，这种极其高能的过程被称为“超新星”。随后，内核被压缩，直至成为一颗中子星或者一个黑洞。爆发引起的激波穿过恒星表面时会引起强烈而短暂的紫外辐射和 X 射线辐射。99% 的能量以中微子的形式被释放，通过对它们的探测，可以获取内核塌陷早期阶段的相关信息。在星际介质中传播的波将导致金、银、铀等重元素的产生。

放射性同位素

这种超新星爆发导致一些放射性同位素的大量形成。其中最重要的是镍和钛的同位素，它们的衰变通常会产生伽马射线。

丰饶的宇宙

在第一代恒星形成以前，宇宙基本上是由氢、氦，以及极少量的锂组成。许多对于生命来说至关重要的元素，比如碳、氮和氧，是在第一批恒星的内核中形成的，并且直到今天，仍然不断在太阳型恒星或者更大质量恒星中产生。另外，像铁和镍这样在我们地球上常见的重元素，都来自大质量恒星所产生的超新星。因此，创造生命的化学基础就这样形成了。

□ 生命所必需的元素

H 氢																	He 氦
Li 锂	Be 铍											B 硼	C 碳	N 氮	O 氧	F 氟	Ne 氖
Na 钠	Mg 镁											Al 铝	Si 硅	P 磷	S 硫	Cl 氯	Ar 氩
K 钾	Ca 钙	Sc 钪	Ti 钛	V 钒	Cr 铬	Mn 锰	Fe 铁	Co 钴	Ni 镍	Cu 铜	Zn 锌	Ga 镓	Ge 锗	As 砷	Se 硒	Br 溴	Kr 氪
Rb 铷	Sr 锶	Y 钇	Zr 锆	Nb 铌	Mo 钼	Tc 锝	Ru 钌	Rh 铑	Pd 钯	Ag 银	Cd 镉	In 铟	Sn 锡	Sb 锑	Te 碲	I 碘	Xe 氙
Cs 铯	Ba 钡	镧系	Hf 铪	Ta 钽	W 钨	Re 铼	Os 锇	Ir 铱	Pt 铂	Au 金	Hg 汞	Tl 铊	Pb 铅	Bi 铋	Po 钋	At 砹	Rn 氡
Fr 钫	Ra 镭	锕系	Rf 𬬻	Db 𬭊	Sg 𬭳	Bh 𬭛	Hs 𬭶	Mt 鿏	Ds 𫟼	Rg 𬬭	Cn 鿔	Nh 鿭	Fl 𫓧	Mc 镆	Lv 𫟷	Ts 鿬	Og 鿫

La 镧	Ce 铈	Pr 镨	Nd 钕	Pm 钷	Sm 钐	Eu 铕	Gd 钆	Tb 铽	Dy 镝	Ho 钬	Er 铒	Tm 铥	Yb 镱	Lu 镥
Ac 锕	Th 钍	Pa 镤	U 铀	Np 镎	Pu 钚	Am 镅	Cm 锔	Bk 锫	Cf 锎	Es 锿	Fm 镄	Md 钔	No 锘	Lr 铹

超新星爆发的几个阶段

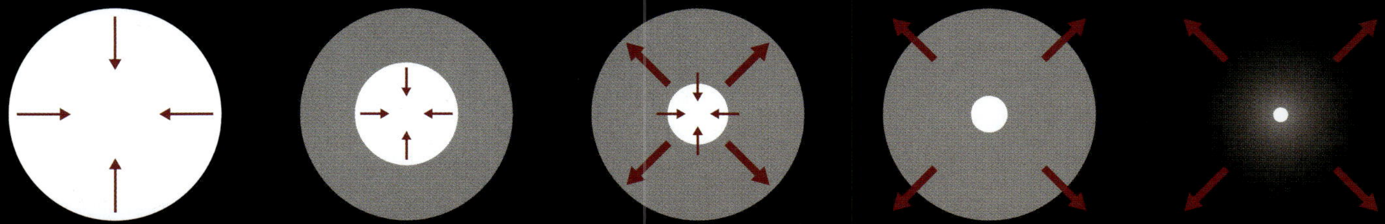

阶段一
恒星内核超过了 1.4 倍太阳质量的极限，并开始在自身引力作用下坍缩。

阶段二
质子与电子结合形成中子，进一步压缩恒星内核。

阶段三
中子使得冲向内核的物质反弹。

阶段四
由中子引起的初始反弹停滞片刻。

阶段五
激波加速，恒星被摧毁，发出比它所在的星系还耀眼的光芒。

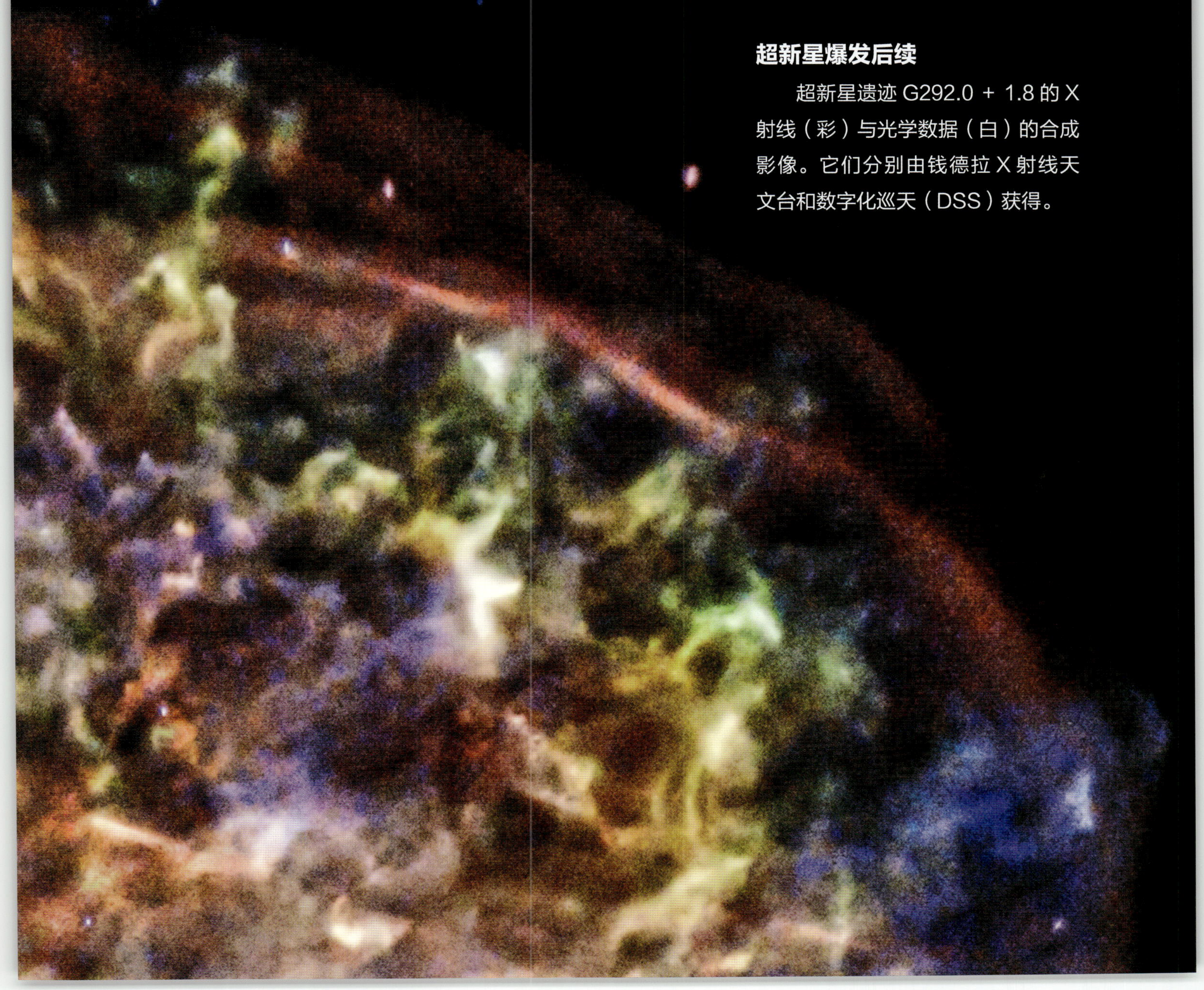

超新星爆发后续

超新星遗迹 G292.0 + 1.8 的 X 射线（彩）与光学数据（白）的合成影像。它们分别由钱德拉 X 射线天文台和数字化巡天（DSS）获得。

开普勒超新星遗迹

X 射线下看到的盘状结构的形状和位置与红外波段下的非常相似。此图是由低（红）、中（绿）、高（蓝）三种能量的 X 射线影像与光学背景数据合成所得。

第谷超新星遗迹

该遗迹的 X 射线影像展示了一团几百万度的膨胀的碎屑云（绿与红），其外围包裹着一层高能电子包层（蓝）。

热核爆炸型超新星

这种超新星又被称为 Ia 型超新星，它们在由白矮星及其伴星组成的双星系统中剧烈爆发。物质在双星之间的转移最终将导致一种能穿透星际介质的炫目强光。

热核爆炸型超新星发生在双星系统中。系统中的一颗恒星是白矮星，并且与伴星之间发生物质质量转移。一旦达到临界点，这些转移的物质将导致白矮星的坍缩，同时使它的温度和内部压力升高。这进一步导致了内核中的碳与氧的核聚变链式反应。最终，白矮星爆发，同时亮度急剧增加。

放射性核的生产者

这些超新星对于我们这个丰饶的宇宙来说至关重要，因为它们会抛射出大量的重金属元素，包括那些不能在普通恒星内核中形成的元素。这些元素将成为下一代恒星的组成部分。超新星爆发时，释放的能量足以合成放射性核，例如镍 -56、镍 -57 和钛 -44 等。随后，这些原子核衰变辐射出伽马射线，进而辐射出 X 射线。这些辐射的强度取决于放射性核的质量与分布，以及超新星爆发时被抛射至外层的物质量。

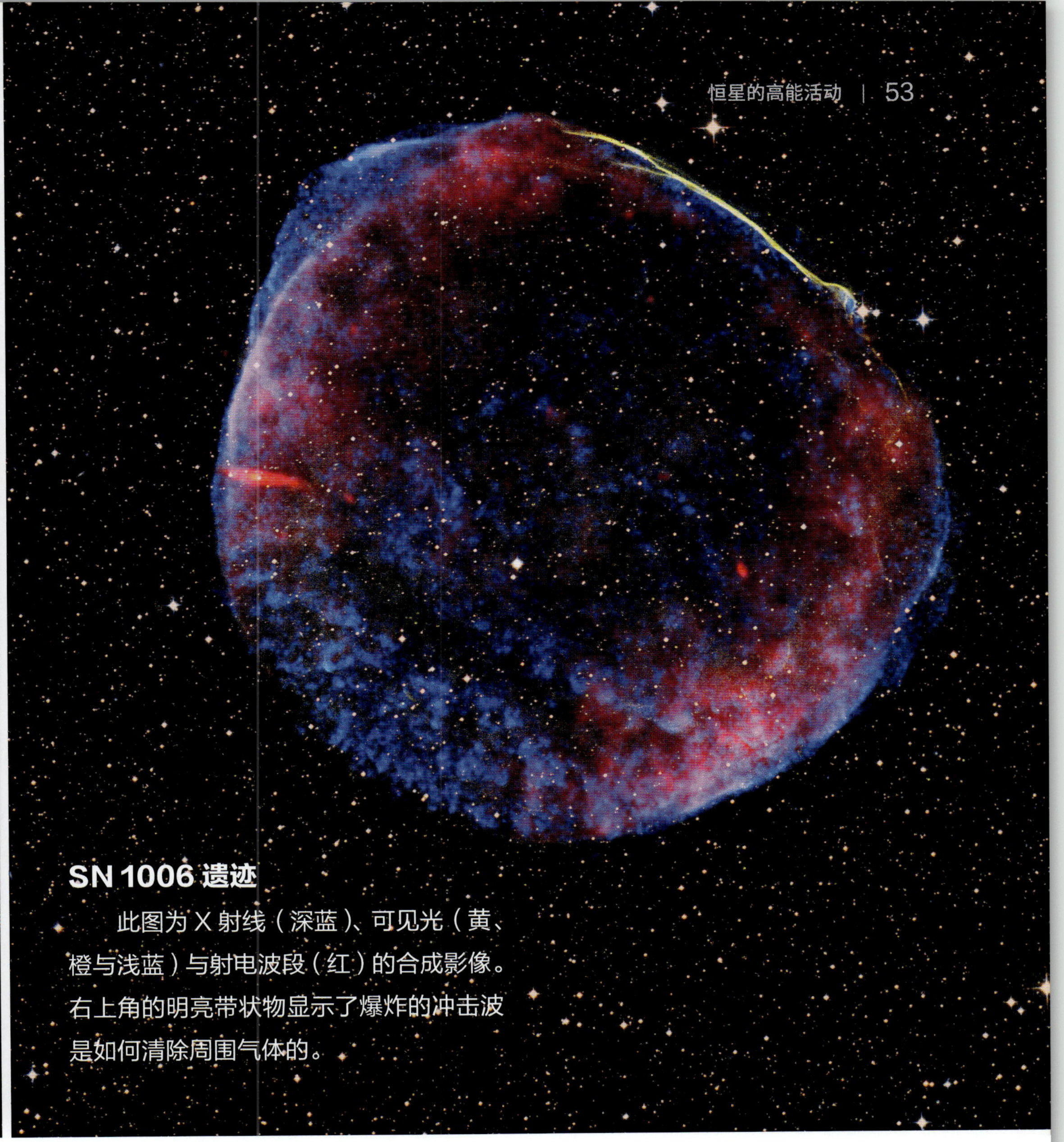

SN 1006 遗迹

此图为 X 射线（深蓝）、可见光（黄、橙与浅蓝）与射电波段（红）的合成影像。右上角的明亮带状物显示了爆炸的冲击波是如何清除周围气体的。

Ia 型超新星的形成

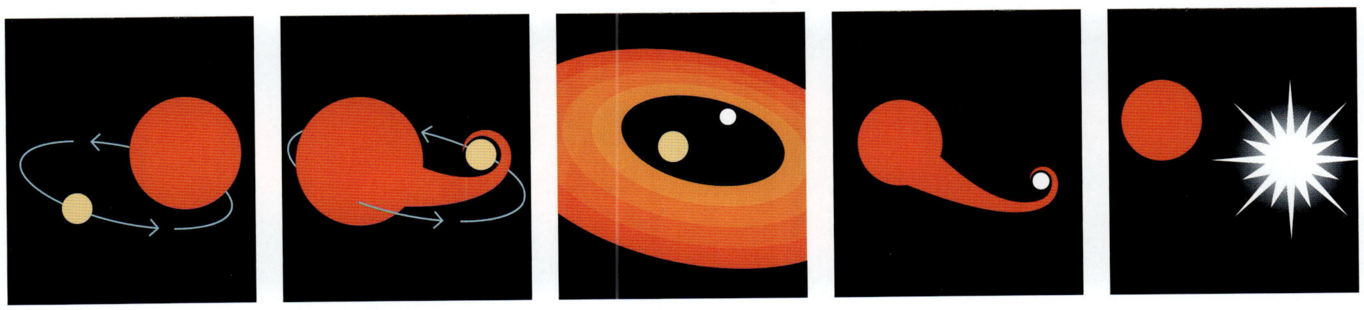

1. 双星系统
两颗主序星形成了一个双星系统，其中质量较大的一颗演化为巨星。

2. 物质吸积
伴星吸取巨星的物质，并与巨星内核一起形成一对共包层双星。

3. 共包层
共包层被抛射出去，同时巨星内核与伴星之间的距离缩小。

4. 白矮星
巨星内核坍缩，变成一颗白矮星。它的伴星不断演化，同时其物质被白矮星吸取。

5. 爆发
白矮星质量增加，直到达到临界值爆发，此时伴星也被抛射出去。

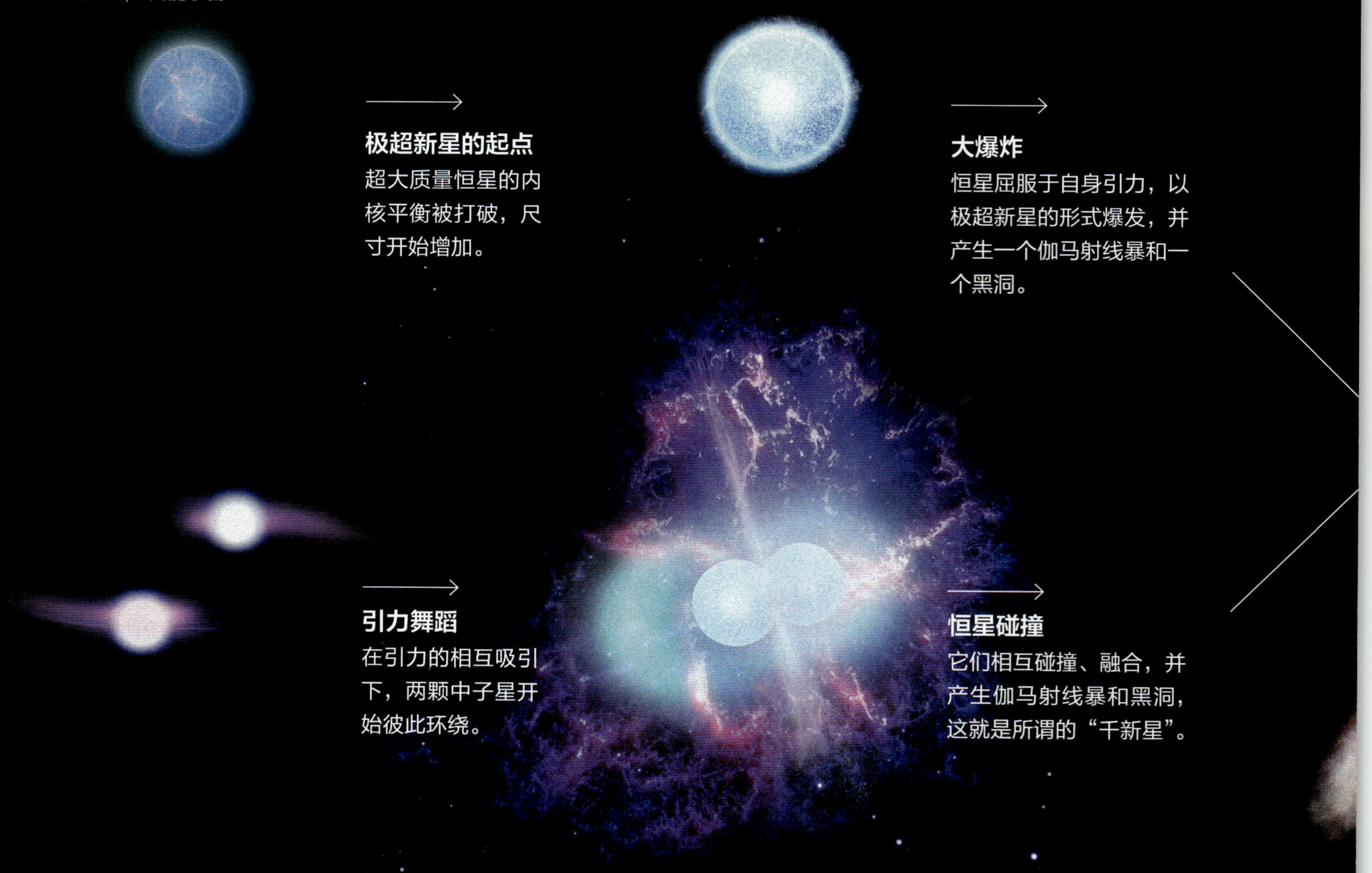

伽马射线暴

伽马射线暴是在宇宙中能观测到的最高能的爆炸，通常还伴随着其他波段的电磁辐射。它的亮度超过太阳亮度的数十亿倍，是超新星爆发的数百万倍。

伽马射线暴于 1967 年 7 月 2 日由维拉 3 号（Vela 3）和维拉 4 号（Vela 4）卫星首次观测到。这是一种突然发生的高能量释放，其后会跟随另一种被称为“余辉”的辐射现象。根据爆发持续的时间，它们被分为短暴（数纳秒到数秒）和长暴（数秒到数分钟）两类。我们已经知道它们都发生在可观测宇宙的范围内，但是尚未揭示其神秘的本质。科学家们相信，每一种伽马射线暴的产生机制都是不同的。因此，虽然长暴似乎与极超新星相关，但是短暴却起源于千新星中的两个致密天体的碰撞。

发生在 ESO 184-G82 星系中
伽马射线暴 GRB 980425 发现于 1998 年 4 月 25 日，此图为它的高分辨率影像。

极超新星

另外，由超大质量恒星坍缩所导致的超新星爆发被称为“极超新星”，这是一种非常明亮的超新星。

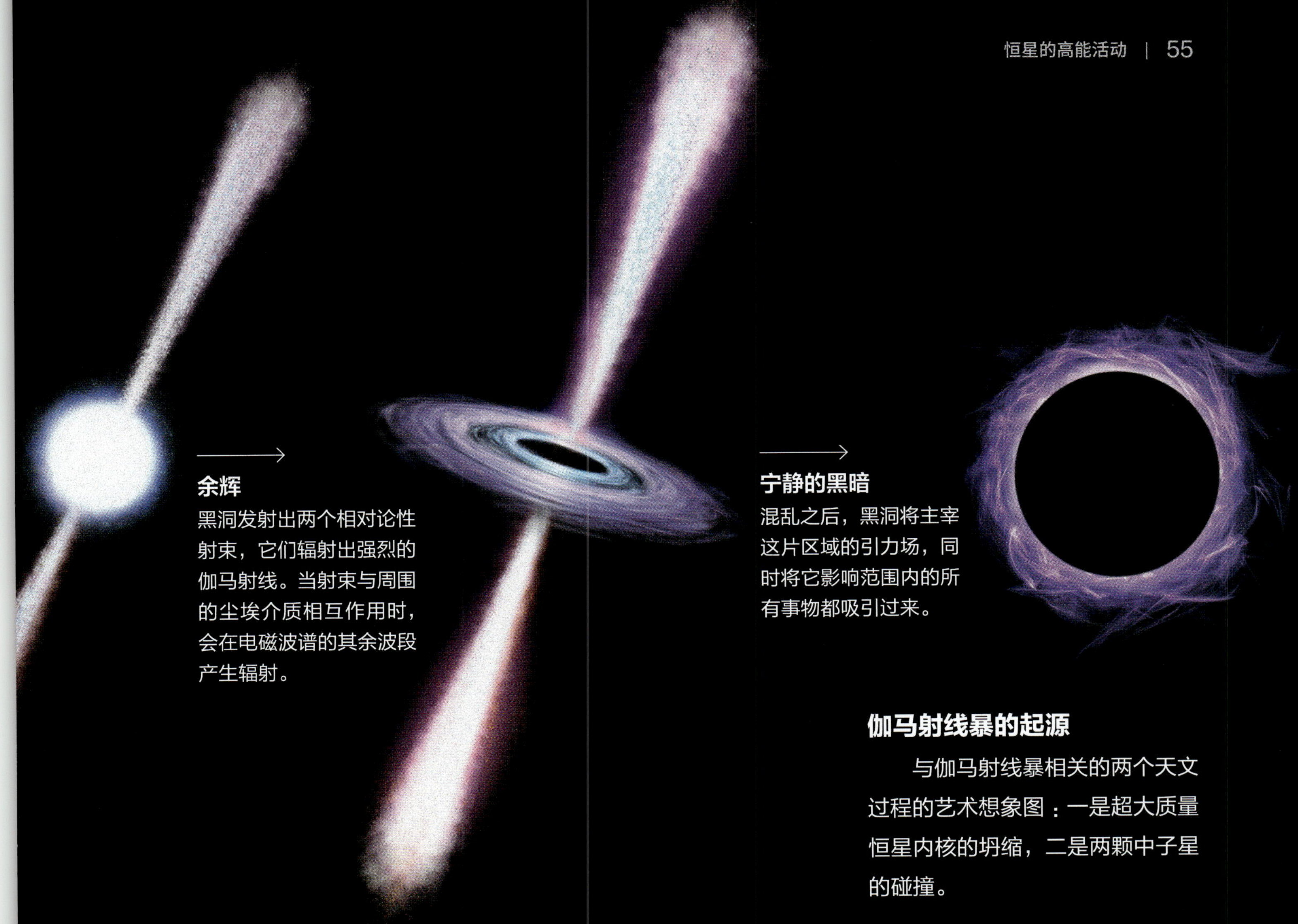

余辉

黑洞发射出两个相对论性射束，它们辐射出强烈的伽马射线。当射束与周围的尘埃介质相互作用时，会在电磁波谱的其余波段产生辐射。

宁静的黑暗

混乱之后，黑洞将主宰这片区域的引力场，同时将它影响范围内的所有事物都吸引过来。

伽马射线暴的起源

与伽马射线暴相关的两个天文过程的艺术想象图：一是超大质量恒星内核的坍缩，二是两颗中子星的碰撞。

演化要素

普通的伽马射线暴包含如下几个要素：其一，大质量恒星内核坍缩后形成的黑洞，其辐射波束以接近光速的速度传播；其二，黑洞附近的炽热的电离气体；其三，射束传播过程中产生的不同气体包层之间的碰撞，以及射束前与尘埃介质之间的相互作用，后者也是余辉产生的原因。

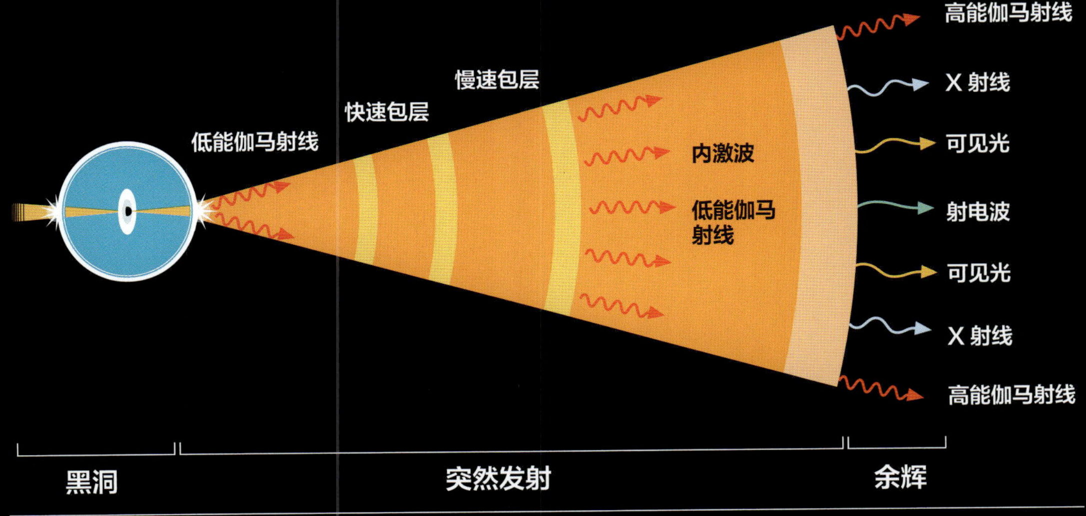

半人马射电源 A

半人马射电源 A（NGC 5128）是距离太阳系最近的活动星系之一，距离太阳系 1 000 万～1 600 万光年。它在 1826 年由詹姆斯·邓禄普（James Dunlop）发现。此图为射电波（橙）、可见光和伽马射线（紫）的数据合成影像。

高能波段下的星系

星系遍布整个宇宙，组成了星系团或者尺寸更大的超星系团。在电磁波谱的最高能波段观测星系，是了解它们或者它们中心的超大质量黑洞所蕴含的宇宙能量的唯一途径。

左图：触须星系的 X 射线、红外线和可见光的合成影像

银河系

利用不同天文台，在不同波段观测到的银河系不仅令人着迷，还向我们展示了银河系中心的复杂性和吸引力。

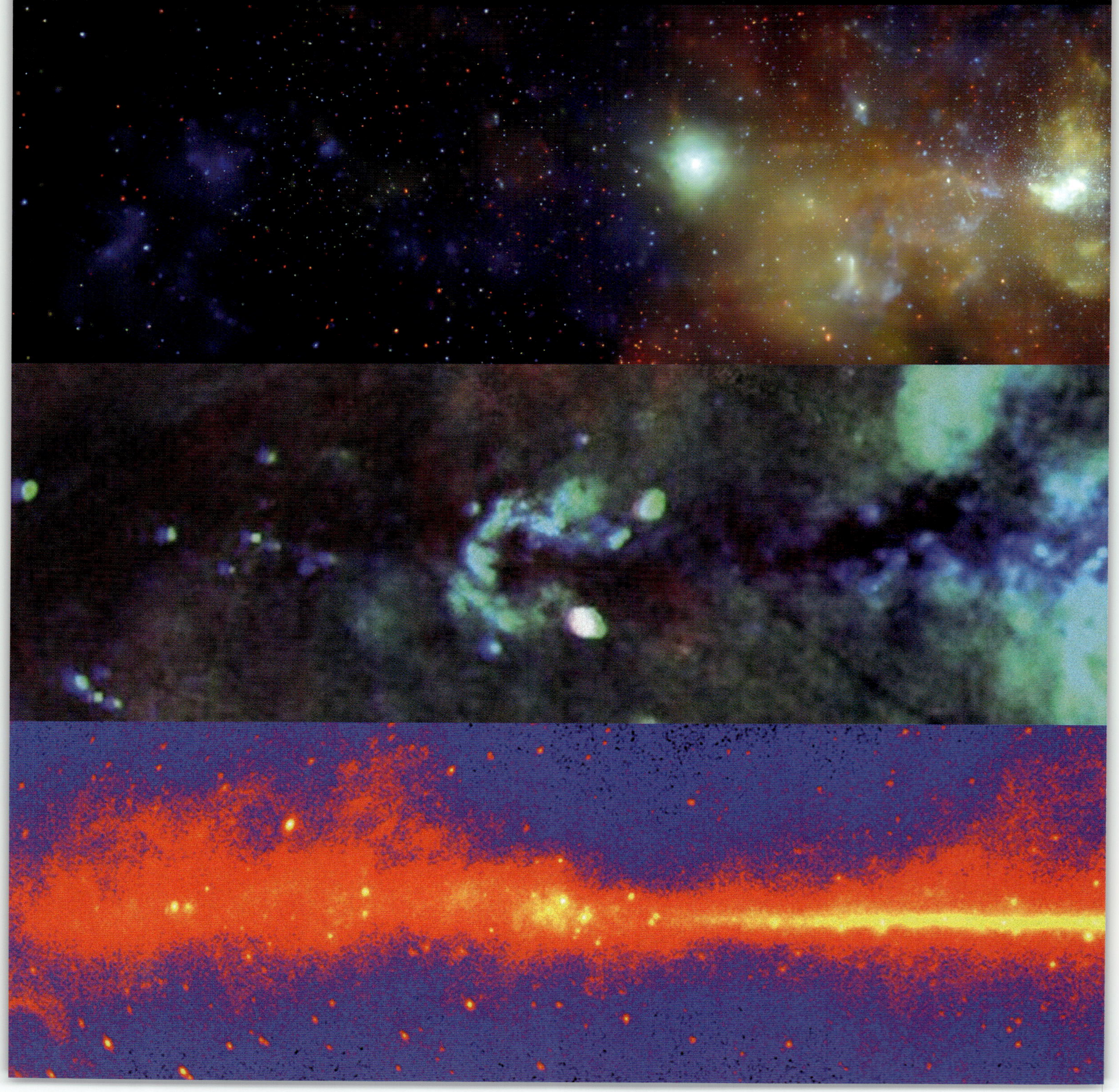

可见光

这是一张夜空的简单全景，银道面上可以观测到大量的气体尘埃云。

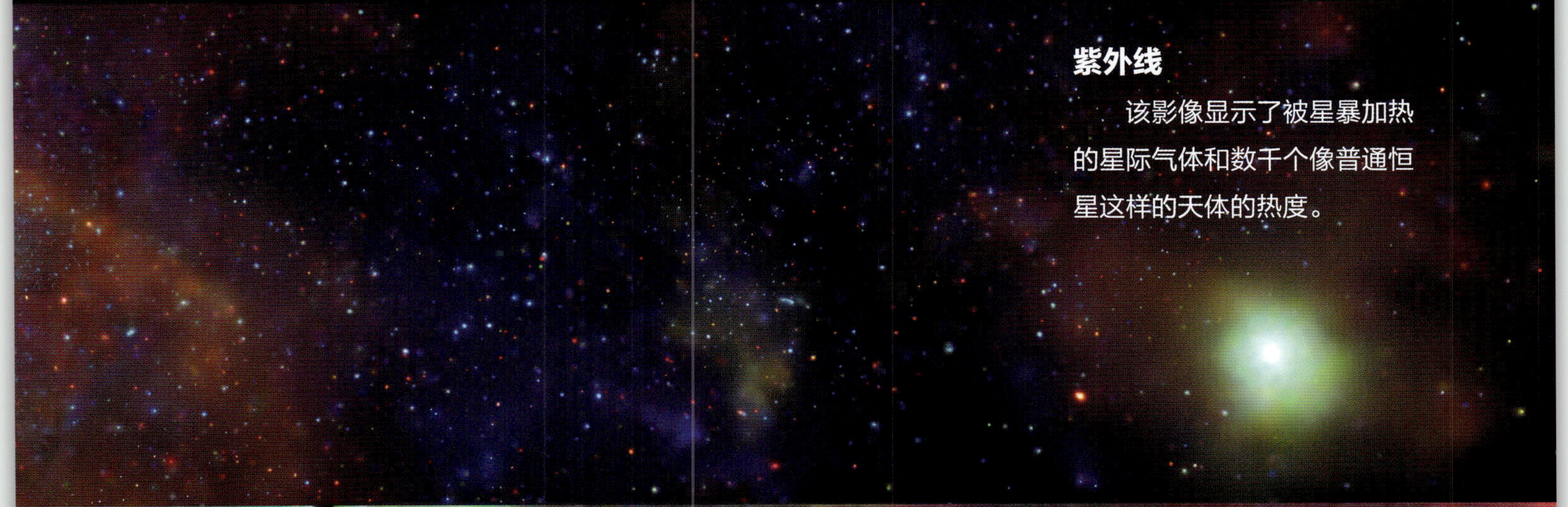

紫外线

该影像显示了被星暴加热的星际气体和数千个像普通恒星这样的天体的热度。

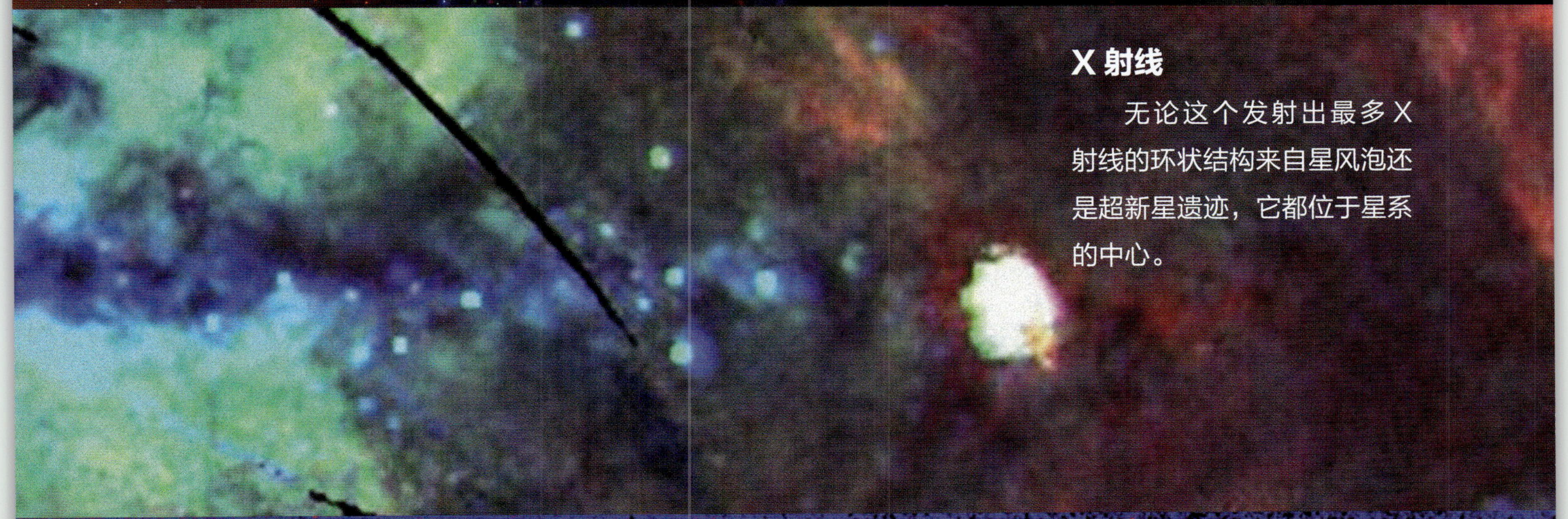

X 射线

无论这个发射出最多 X 射线的环状结构来自星风泡还是超新星遗迹，它都位于星系的中心。

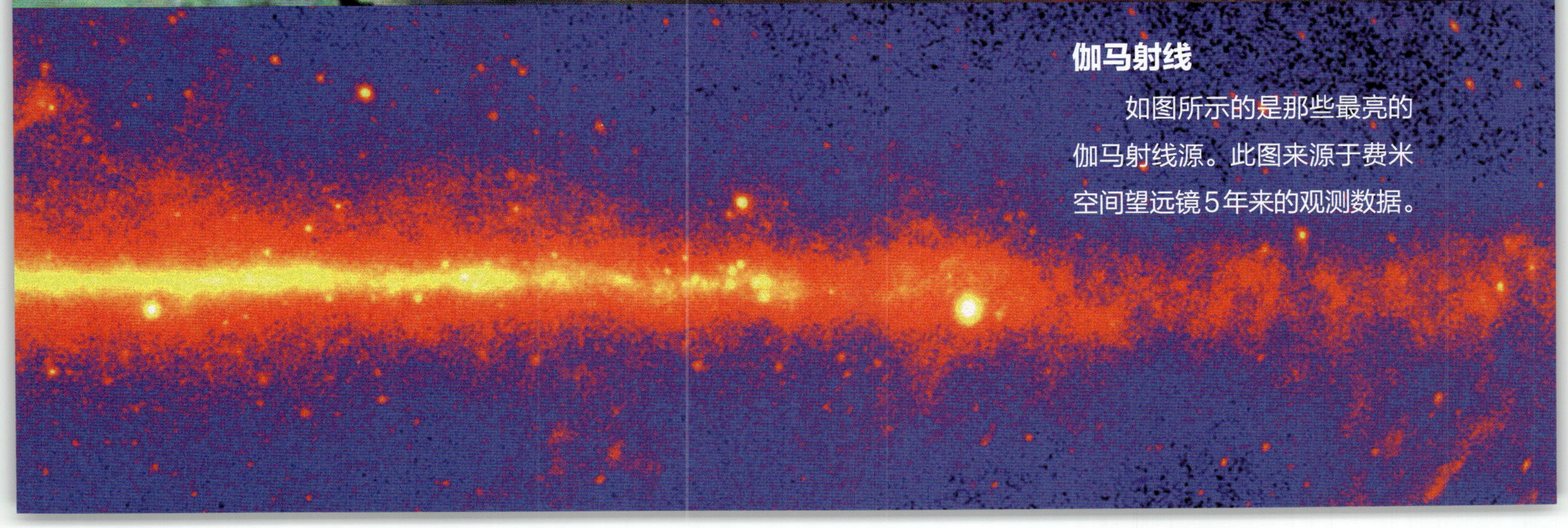

伽马射线

如图所示的是那些最亮的伽马射线源。此图来源于费米空间望远镜 5 年来的观测数据。

银河系中的伽马射线

银河系中心一直发射出伽马射线，但其源头尚未可知。在伽马射线波段，银河系的形貌与可见光波段的扁平形貌大相径庭，银道面两侧出现了两个巨大的沙漏形的高能结构。

迄今为止，银河系中探测到的最强烈的伽马射线是因正负电子对湮灭而发射的。正电子是电子的反粒子，它们拥有相同的质量和电荷数，但是正电子带正电荷。当电子与正电子碰撞、相互湮灭，并产生能量高达 511 千电子伏的高能光子时，其探测信号落在伽马射线波段。然而，这种 511 千电子伏的能量发射在银河系中的分布与其他波长的分布截然不同：它们位于银河系中心，在核球中的分布是银盘上的 3 倍。据信，正电子可能来自于 Ia 型超新星、银河系中心黑洞，甚至是暗物质粒子。由于正电子在湮灭之前能够存在数百万年，因此很难确定其来源。

过量的伽马射线

即使在分辨并移除所有已知的伽马射线源之后，银河系中心仍然呈现明亮的球状辉光。对此的主流假设非同寻常：这种光来自伽马射线脉冲星或者暗物质粒子。

铝 -26 的伽马射线辐射

铝 -26（^{26}Al）是铝的一种同位素，它是一种天然的放射性元素，半衰期约为 100 万年。在其放射性衰变的过程中，一个质子（p）分解为一个中子（n），并释放出一个正电子（e^+）和一个中微子（V_e），最终形成了一个激发态的镁原子核（$^{26}Mg^*$）。这个原子核随后会发射出伽马射线波段的光子（γ），最终变为稳定的镁 -26 原子核（^{26}Mg）。

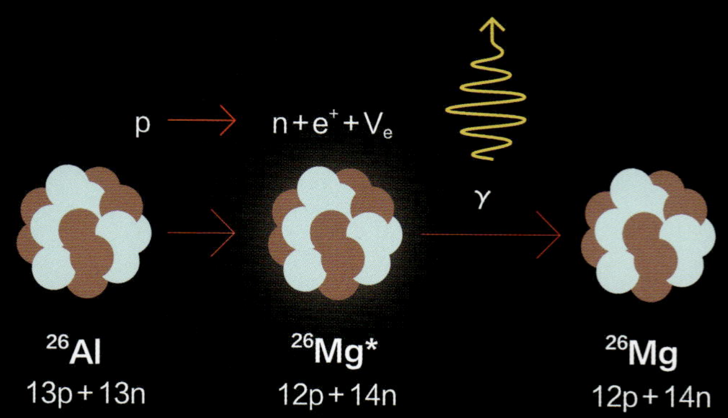

511 千电子伏的发射线

图为银道面上能量为 511 千电子伏的发射线的空间分布，这种能量来自正电子的湮灭。不同的颜色对应国际伽马射线天体物理学实验室（INTEGRAL）观测到的不同的发射强度。

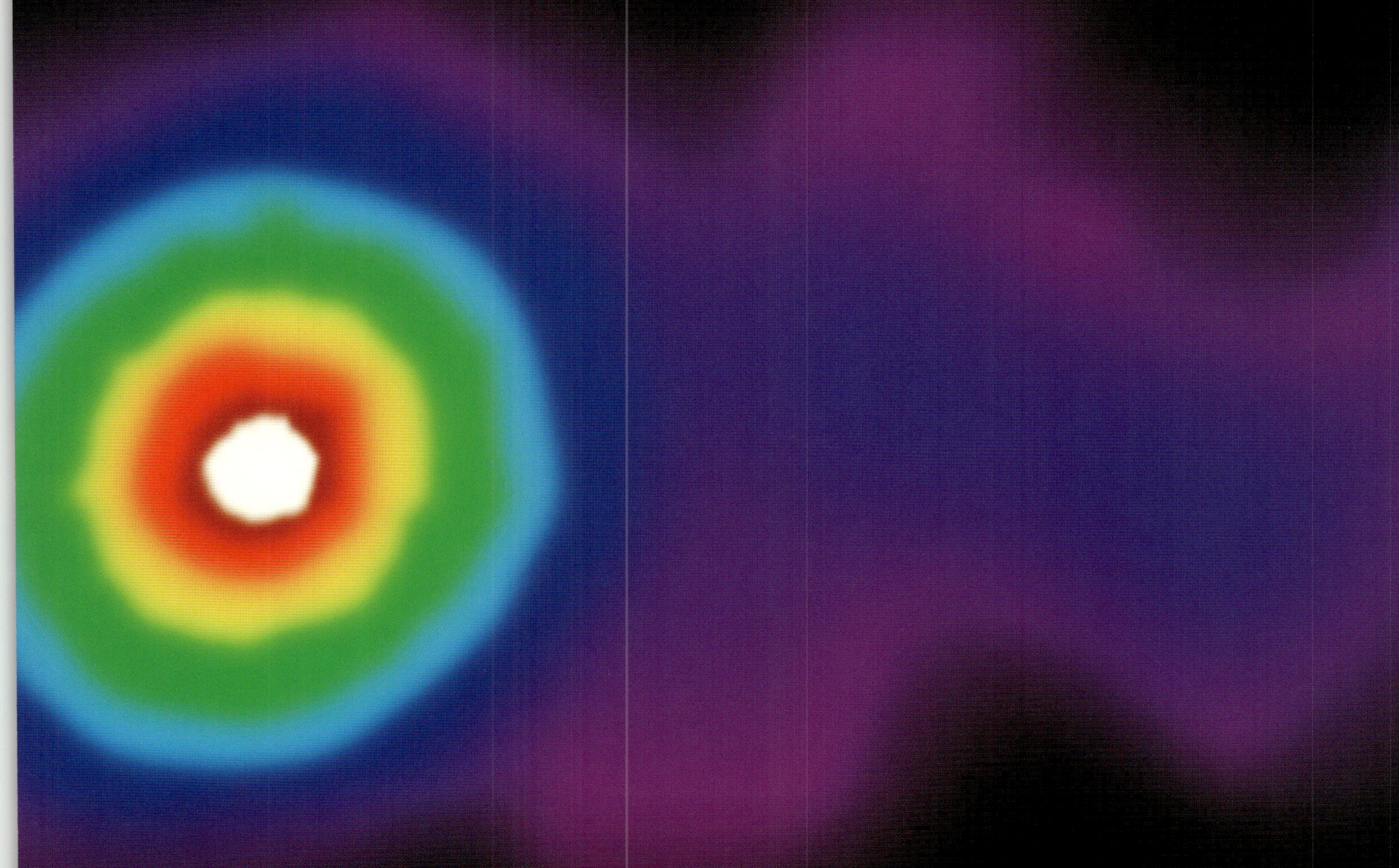

费米泡

2011 年，美国国家航空航天局（NASA）的费米伽马射线空间望远镜在伽马射线和 X 射线波段观测到了源自银河系中心黑洞的两个巨大的泡状结构。从银道面算起，北边的泡高度为 32 615 光年，其中包含的气体足以产生 200 万颗太阳型恒星。

仙女星系

天文学家们都知道，仙女星系（M31）已经被研究了几十年，来自各种望远镜的数据已经覆盖了整个电磁波谱。这是距离我们最近的星系之一，与银河系一样，都是本星系群中最大最亮的星系。

仙女星系是一个与银河系非常相似的旋涡星系，距离银河系约 250 万光年，目前呈现出一种非常有趣的状态：它的中心被一个直径约 7.5 万光年的巨大尘环所环绕，而尘环的起源可以追溯到仙女星系最近一次与其他星系的撞击。

恒星演化的阶段

仙女星系在不同波段下的合成影像，向我们呈现了它所包含的恒星的所有生命阶段。在红外波段，可观测到冷尘埃区域，它们标志着存在巨量的气体，恒星形成的过程即在此发生。同时，可见光影像展示了成年恒星，而 X 射线则揭示了在星系核球周围发生的恒星演化末期的剧烈爆发：从超新星爆发这样的剧烈星暴，到一对双星在引力作用下相互碰撞融合。

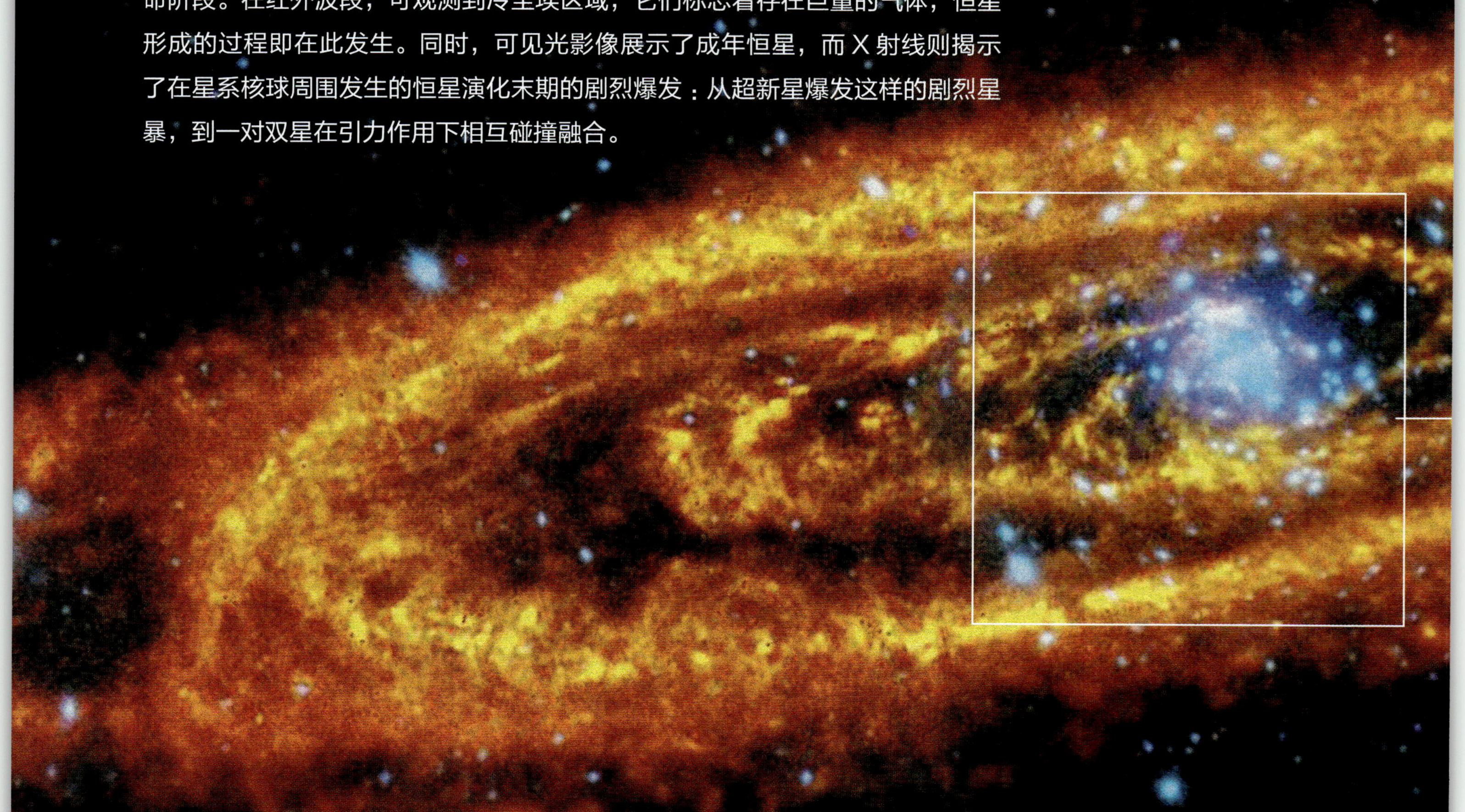

合成影像

由赫歇尔空间天文台（红外波段，红与橙）与 XMM－牛顿空间望远镜（X 射线波段，蓝与白）共同拍摄的仙女星系。

核球中的 X 射线

此图由 XMM－牛顿空间望远镜拍摄，展示了数百个 X 射线源，其中的许多聚集在星系核周围，每个源都代表一个垂死的恒星系统。

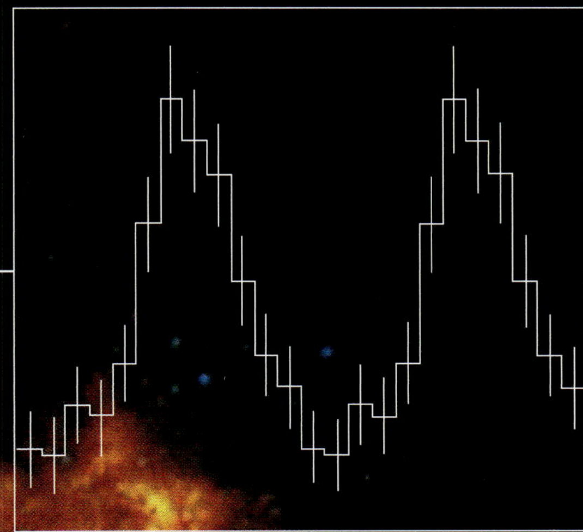

3XMM J004301.4＋413017 的光变曲线

仙女星系中央的脉冲星属于一个双星系统，其自转周期为 1.2 秒。尽管我们尚未完全了解双星系统的本质，但是伴星的质量可能会小于 1 个太阳质量。

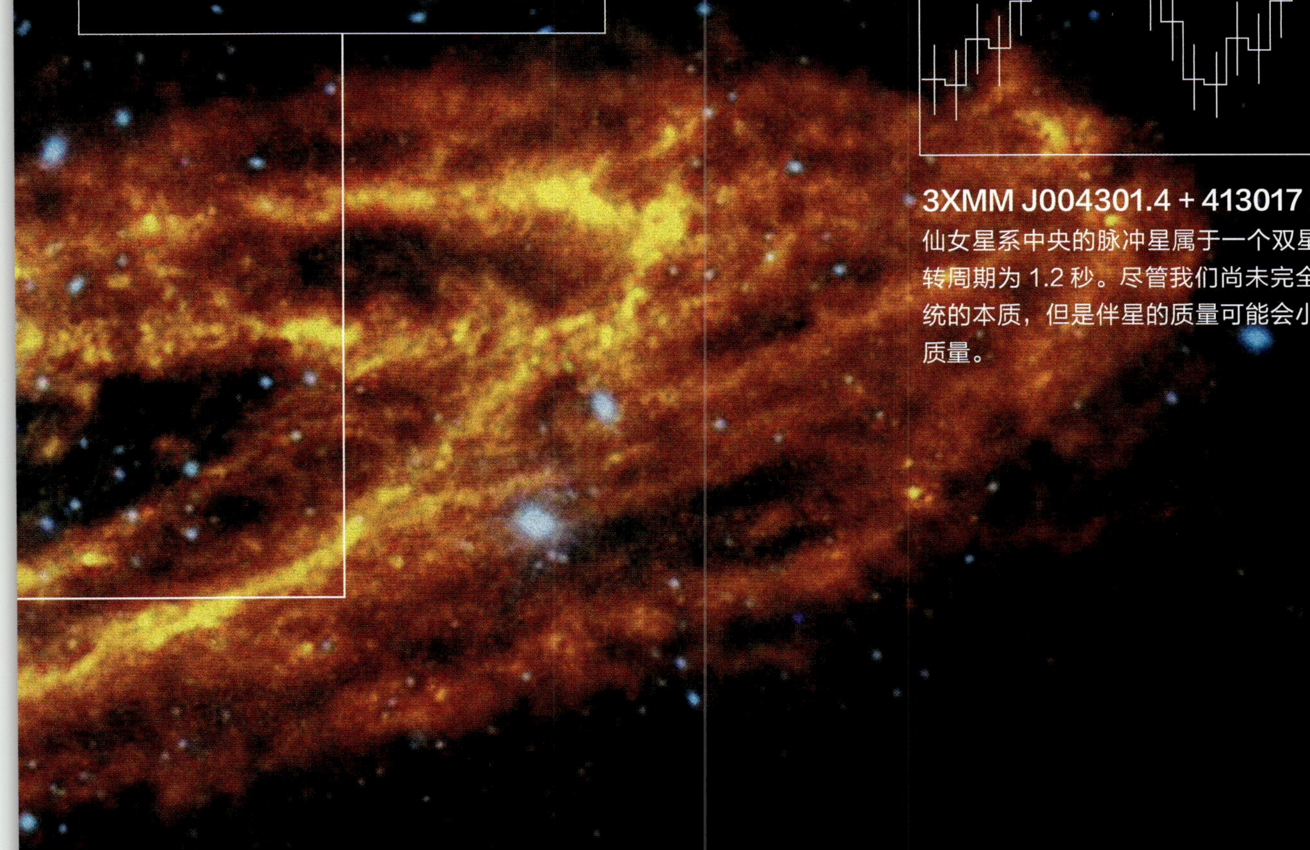

紫外影像

此图由雨燕空间天文台在紫外波段对仙女星系拍摄的 330 张影像拼合而成。这是该星系在这一波段分辨率最高的一张影像，它展现了大约 2 万个紫外辐射源，其中大部分来自炽热的年轻恒星和稠密的星团。

超大质量黑洞

每个星系都可能包含数十个黑洞，但其中只有一个负责使星系中所有的恒星凝聚在一起，这就是星系核中的超大质量黑洞。

科学家们认为，所有星系中央都有一个巨大的黑洞，尤其是旋涡星系和椭圆星系。据估计，它们的质量为太阳质量的几百万到几十亿倍，而且与核球质量和周围恒星弥散速度相关。在银河系中央，也发现了一个致密且明亮的能量辐射源。在观测了环绕它运动的恒星之后，我们发现，那里存在一个超大质量黑洞：人马座 A*。这个黑洞距离地球约 2.6 万光年，据计算，其质量约为太阳质量的 400 万倍。

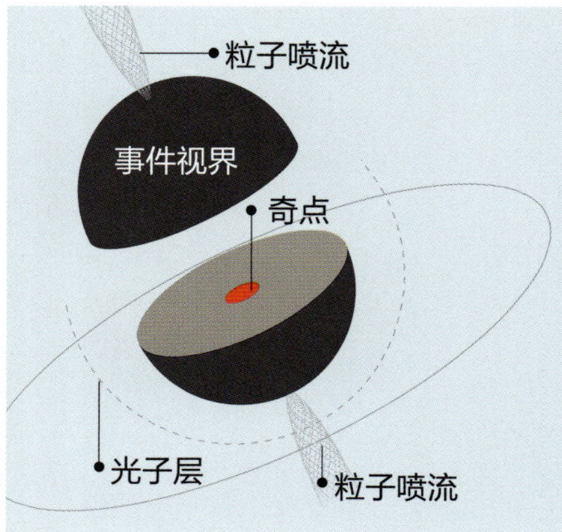

组成黑洞的基本要素

左图集中了组成黑洞的几个基本要素：位于中心的奇点和事件视界，即分隔星际介质的边界。吸积盘和相对论粒子喷流则是由在极强的引力吸引下落入黑洞的气体云或者恒星造成的。

人马座 A* 的回光

据信，人马座 A* 在大约 50 年前吞噬了一个与水星质量相当的天体，这导致了 X 射线的爆发，以及之后在周围气体云中的反射，如左图所示。而右图是人马座 A* 在低（红）、中（绿）、高（蓝）三种能量的 X 射线下的影像。

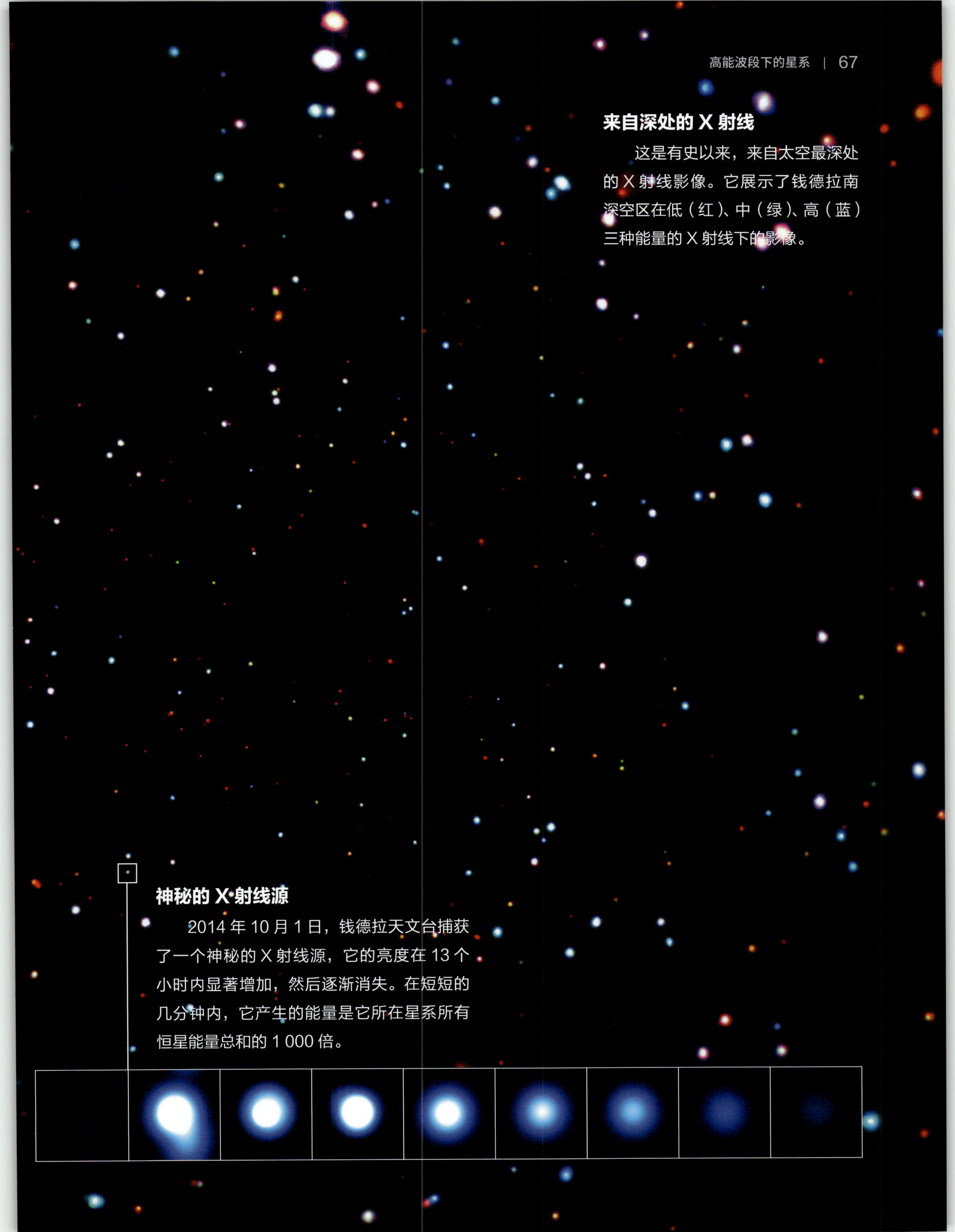

来自深处的 X 射线

这是有史以来，来自太空最深处的 X 射线影像。它展示了钱德拉南深空区在低（红）、中（绿）、高（蓝）三种能量的 X 射线下的影像。

神秘的 X 射线源

2014 年 10 月 1 日，钱德拉天文台捕获了一个神秘的 X 射线源，它的亮度在 13 个小时内显著增加，然后逐渐消失。在短短的几分钟内，它产生的能量是它所在星系所有恒星能量总和的 1 000 倍。

活动星系

宇宙中 10% 的星系中心都有一个疯狂活跃的超大质量黑洞。这样的星系被称为活动星系或者活动核星系。

活动星系，即具有活动星系核的星系，其中心的能量比星系中所有恒星的能量总和还多。这种过量是由于星系核中的超大质量黑洞吸收了周围物质所造成的。每 10 个活动星系中，就有一个存在着以近乎光速的速度传播的粒子束，并且发射出射电波。粒子束的性质取决于黑洞质量、吸积率、波束的存在，以及它被观测的角度。科学家们对它们进行了全波段的研究，例如，黑洞附近的 X 射线为研究星系核中发生的物理过程提供了一个独特的视角，而伽马射线同样有助于研究粒子加速的本质及其与环境的相互作用。

射电星系天鹅射电源 A
由一个巨大的炽热气泡发出的 X 射线（蓝）和射束两端的射电波（红）组成的合成影像。

活动星系的结构

位于中心的是黑洞，周围环绕着一个吸积盘和一团不透明的尘埃环面（围绕其平面上的一根固定轴旋转的圆周所形成的表面）。如果一个星系以侧面对着我们，那么通常能够直接看到的是尘埃云，而星系核则被尘埃云遮蔽。同时，两束高速物质从黑洞的两个磁极中喷射出来。

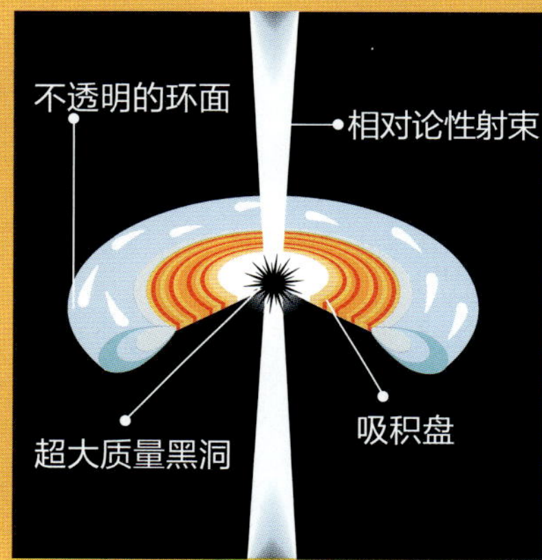

活动星系类型

活动星系依照它们相对于地球的方向以及环绕星系核的不透明尘埃环分类。在射电星系中，尘埃环遮蔽了星系核。耀变体则直接面向地球，它的两个喷流束中只有面向地球的那一个能被观测到。而赛弗特星系和类星体的方向介于两者之间，这使得星系核能作为点源被观测到。

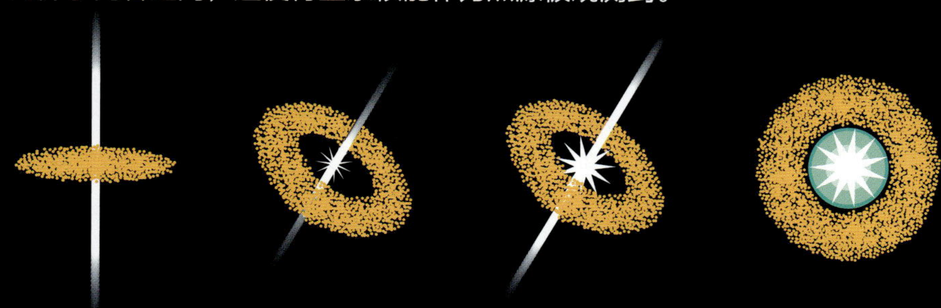

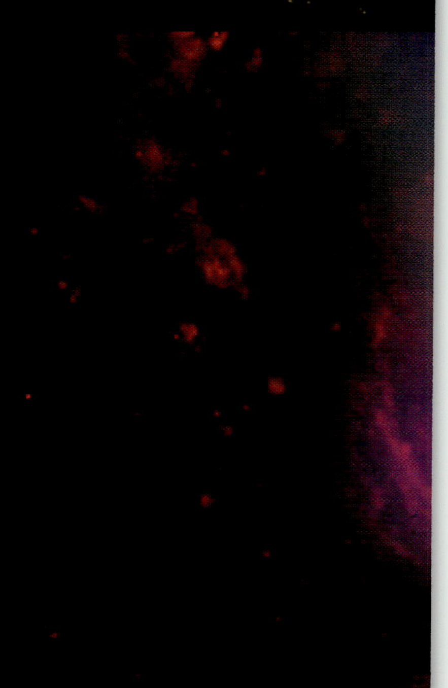

M77
在光学波段可以观测到 M77（NGC 1068）的旋涡结构。X 射线（蓝和绿）影像显示了一个包含着致密物质的环面，它的中间可能存在一个超大质量黑洞。

射电星系 4C 29.30

X 射线（蓝）影像显示了围绕星系中心的巨大黑洞旋转的过热气体。

射电星系 3C31

X 射线影像显示了从这一强烈的射电源中喷射出的射束。这些数据还可以用来研究喷流的密度、温度和压强。

旋涡星系

M51 的 X 射线影像（紫）和光学数据（红、蓝和绿），其中包含着数百个 X 射线点源。

高能观测

宇宙是由一些我们可观测到的事物组成的，比如粒子、尘埃和气体。但同时也有一些成分无法在可见光波段探测。为了克服这种局限性，我们探测了电磁波谱中最高能的部分，这让我们得以了解事物的本质。

左图：红外波段和 X 射线波段下的超新星遗迹 RCW 86

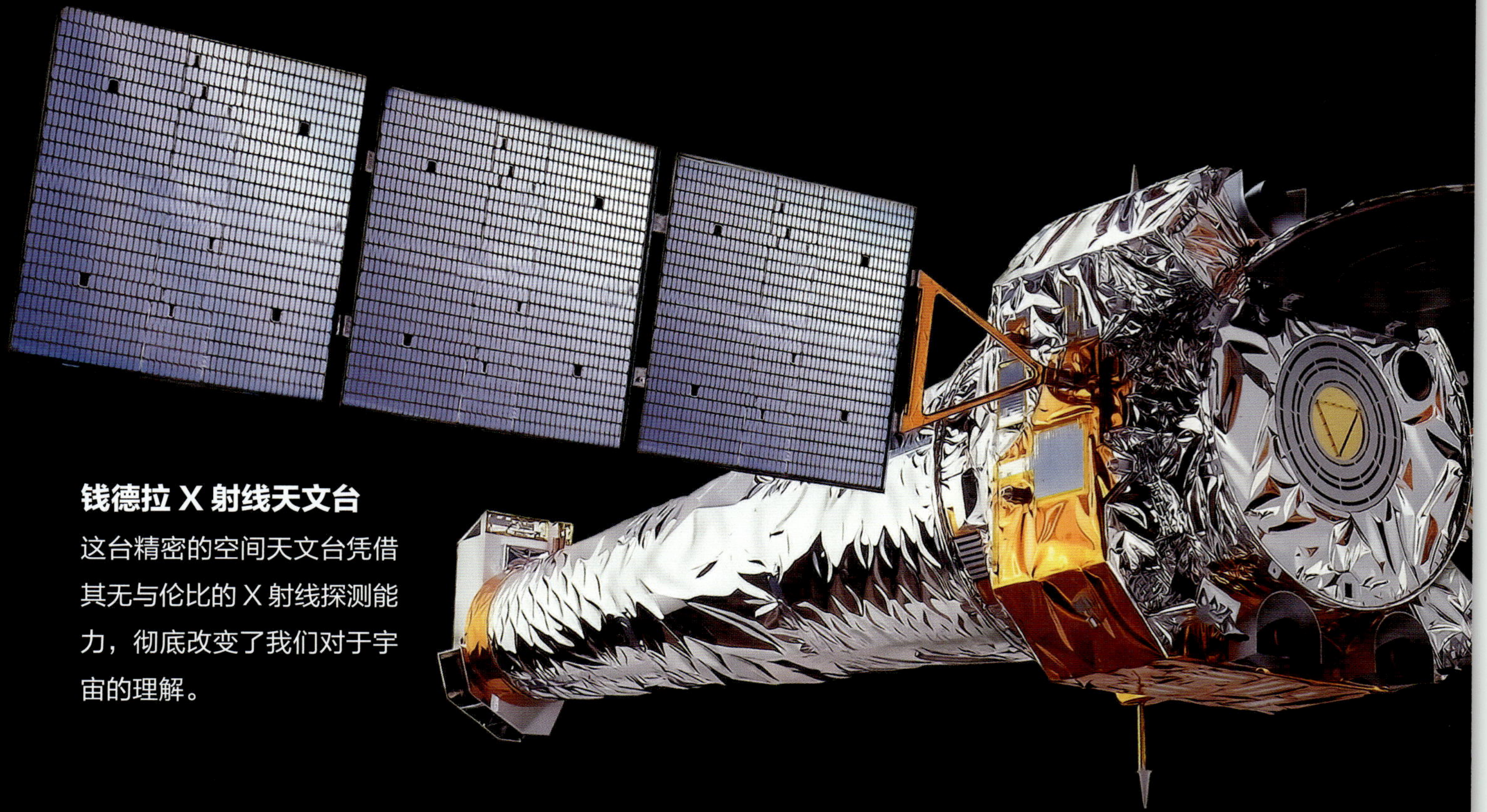

钱德拉 X 射线天文台

这台精密的空间天文台凭借其无与伦比的 X 射线探测能力，彻底改变了我们对于宇宙的理解。

X 射线任务

地球大气层阻挡了大部分 X 射线，但空间望远镜能帮助我们观测宇宙中发生的高能现象，其中就包括钱德拉 X 射线天文台和 XMM －牛顿空间望远镜。

钱德拉 X 射线天文台是一颗具有出色分辨率的 X 射线观测卫星。它最突出的成就，当属对那些超新星遗迹影像的获得，以及对银河系中心大质量黑洞周边区域的观测。另一项科技奇迹是 XMM– 牛顿空间望远镜，这是欧洲有史以来最大的科学卫星，是第一台探测到中子星引力场会影响其发出的光的 X 射线天文台，并且此后持续探测到了许多 X 射线源，数量远超其他望远镜。

	钱德拉 X 射线天文台	XMM －牛顿空间望远镜
机构	美国国家航空航天局	欧洲空间局
发射日期	1999 年 7 月 23 日	1999 年 12 月 10 日
质量	4 790 千克	3 234 千克
观测能量范围	0.1~10 千电子伏	0.1~12 千电子伏
角分辨率	0.5 角秒	5~14 角秒
轨道类型	椭圆	椭圆
轨道周期	64.2 小时	48 小时

向科学致敬

钱德拉 X 射线天文台的命名是为了致敬现代天体物理学的奠基人之一，印度物理学家与数学家苏布拉马尼扬 · 钱德拉塞卡（Subrahmanyan Chandrasekhar，1910—1995）。同时，XMM －牛顿空间望远镜的命名则结合了“多镜面 X 射线任务”的缩写与万有引力定律的发现者，英国物理学家、数学家与天文学家——牛顿（Newton，1643—1727）。

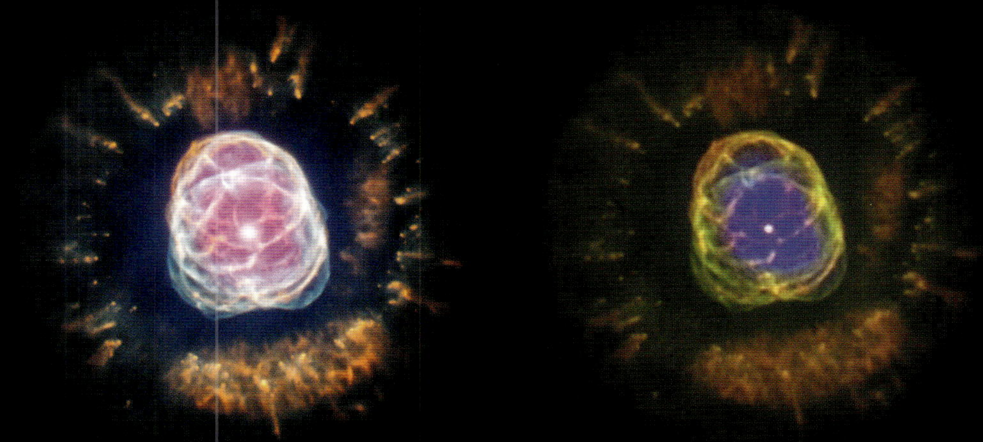

同一片星云的两种观测影像

爱斯基摩星云（NGC 2392）发射出异常强烈的 X 射线（粉），这表明它的炽热的中心恒星拥有一颗不可见的伴星。上图中，XMM－牛顿空间望远镜（蓝）和哈勃空间望远镜（红和绿）共同探测到了 200 万摄氏度高温的气体。

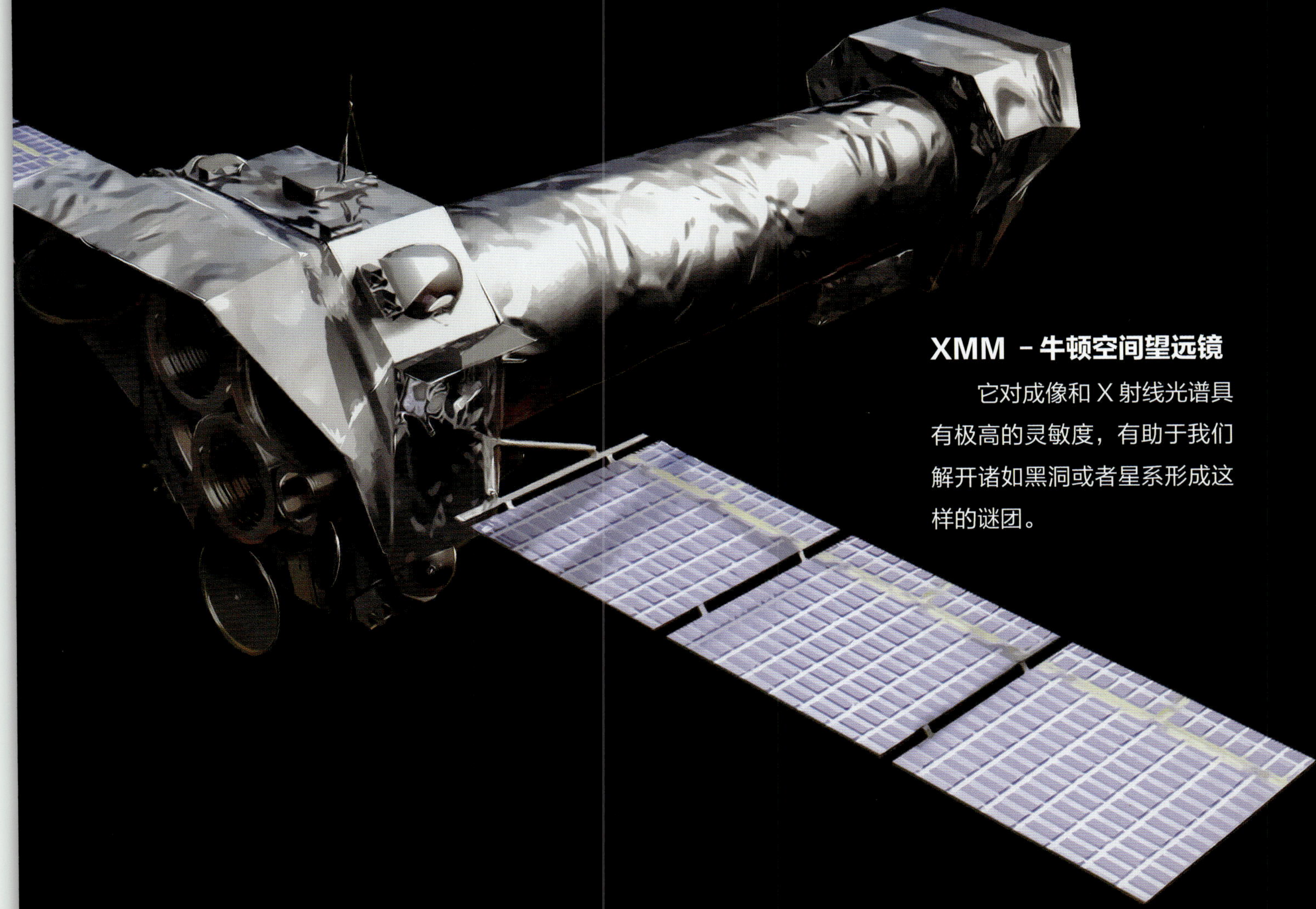

XMM －牛顿空间望远镜

它对成像和 X 射线光谱具有极高的灵敏度，有助于我们解开诸如黑洞或者星系形成这样的谜团。

伽马射线任务

对于伽马射线暴的观测为我们理解宇宙提供了关键证据。目前，国际伽马射线天体物理学实验室、费米伽马射线空间望远镜和雨燕伽马射线天文台被用于相关研究。

1967 年，维拉卫星首次探测到了来自天体的伽马射线，这是一项毋庸置疑的成绩。X 射线是一种非常不易于观测的辐射，因为入射光相当稀疏，即使是那些被认为“明亮”的光源，也需要几分钟的曝光时间。观测方法也相当复杂，这导致图像分辨率很低。同时，低能量背景噪声和稀少的高能光子也限制了观测。

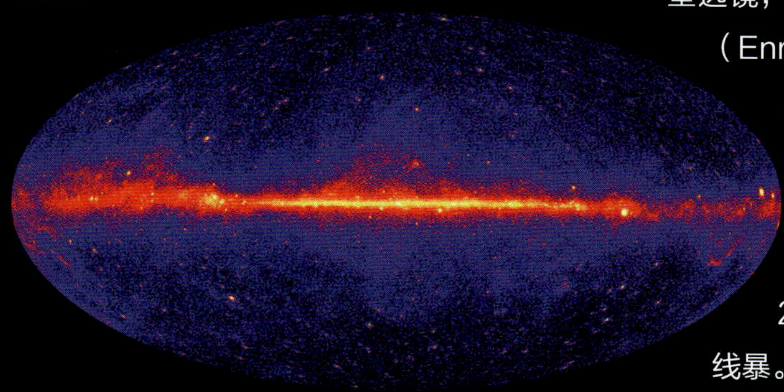

三名伟大的“猎人”

在这次搜寻中，三个空间天文台脱颖而出。第一个是国际伽马射线天体物理学实验室，专门进行伽马射线、X 射线和可见光波段的观测，于 2002 年 10 月 17 日由欧洲空间局、美国国家航空航天局和俄罗斯联邦航天局送入太空。第二个是费米伽马射线空间望远镜，它以意大利物理学家恩里科・费米（Enrico Fermi）的名字命名，由美国国家航空航天局于 2008 年 6 月 11 日发射，用于绘制伽马射线源的天图。第三个是美国国家航空航天局的雨燕伽马射线天文台，自 2004 年 11 月 20 日起追踪伽马射线暴。

费米天图

左图是能量高于 10 亿电子伏的伽马射线全天图，是费米空间望远镜长达 5 年（2008—2013）的观测数据所得。地图中心明亮的漫射带对应银道面

超长伽马射线暴

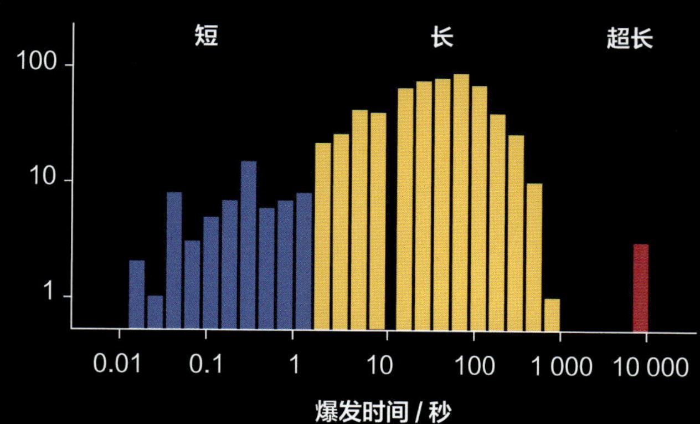

在所有探测到爆发时间异常长的伽马射线暴的空间天文台中，雨燕天文台独领风骚。这张图显示了 2004—2013 年间被记录的伽马射线暴及其爆发时间分布，有些甚至持续了 3 小时。

贪婪的黑洞

关于活动星系中伽马射线形成机制的艺术想象图。图中描绘了一颗恒星不可避免地被超大质量黑洞吸引、落入黑洞并最终产生高能粒子束的过程。

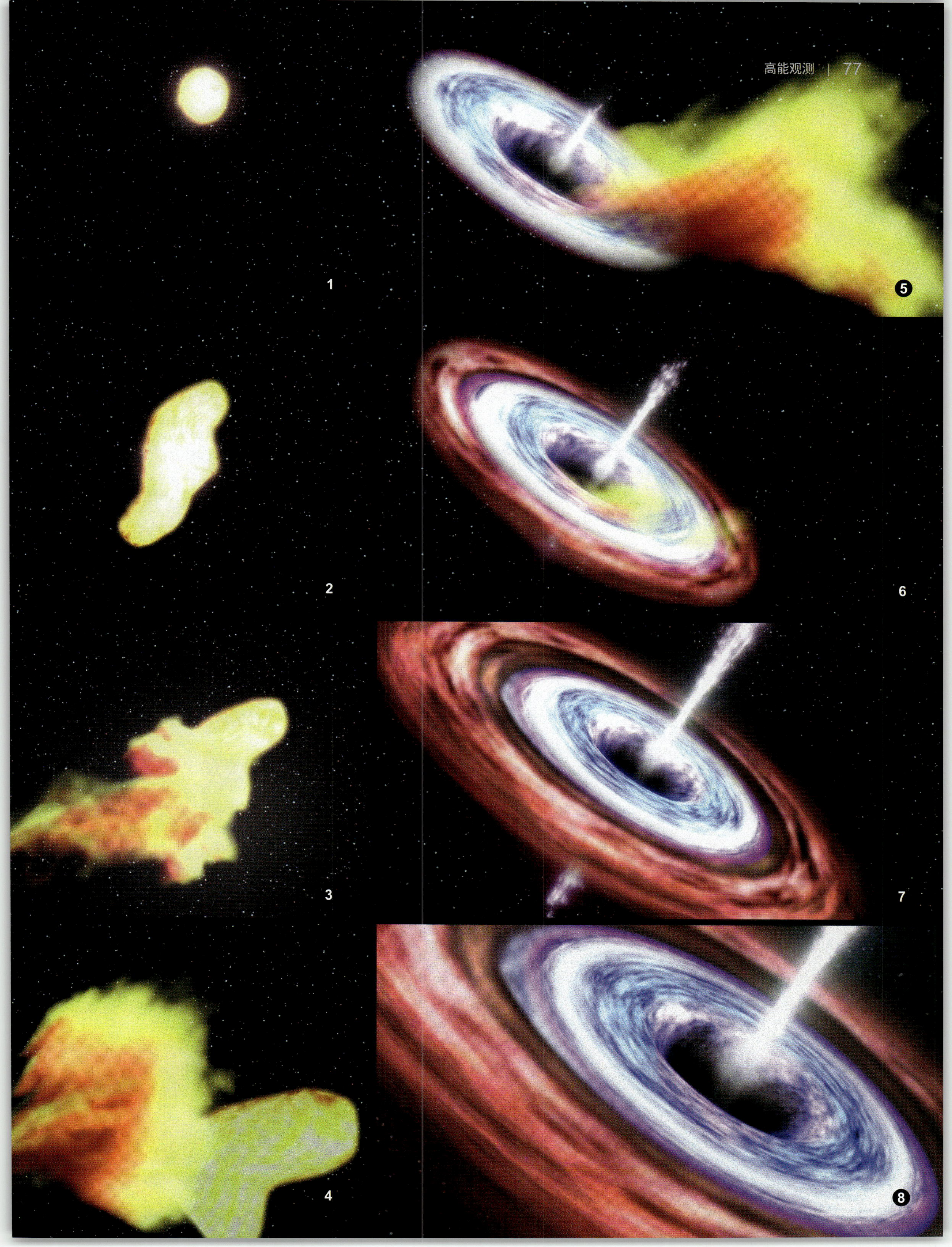
1
2
3
4
5
6
7
8

宇宙线观测

地球一直沐浴在被称为宇宙线的亚原子粒子之中，其中某些射线的能量远高于其他任何已知粒子的能量。对于它们的探测，需要搭配许多不同仪器进行，比如切伦科夫望远镜、漂移室和荧光光度计等。

宇宙线来自外太空，是高能的亚原子粒子，并且从各个方向轰击地球。它们主要由质子或者原子核组成，其能量能变得比自然界中能观测到的任何其他粒子的能量都高。虽然低能宇宙线的太阳起源已经众所周知，但是高能宇宙线的起源还存在争议。其中最强有力的假设观点认为，这些粒子是从宇宙中最剧烈的活动中发射出来的，比如超新星爆发、类星体或者活动星系核，等等。这些活动将粒子加速到高能态，有时甚至比人造粒子加速器能达到的上限还高 100 万倍。

切伦科夫辐射

1934 年由苏联物理学家帕维尔 · 切伦科夫（Pavel Cherenkov）发现，当荷电粒子在介质中的传播速度大于该介质中的光速时，将产生切伦科夫辐射。

探测方法

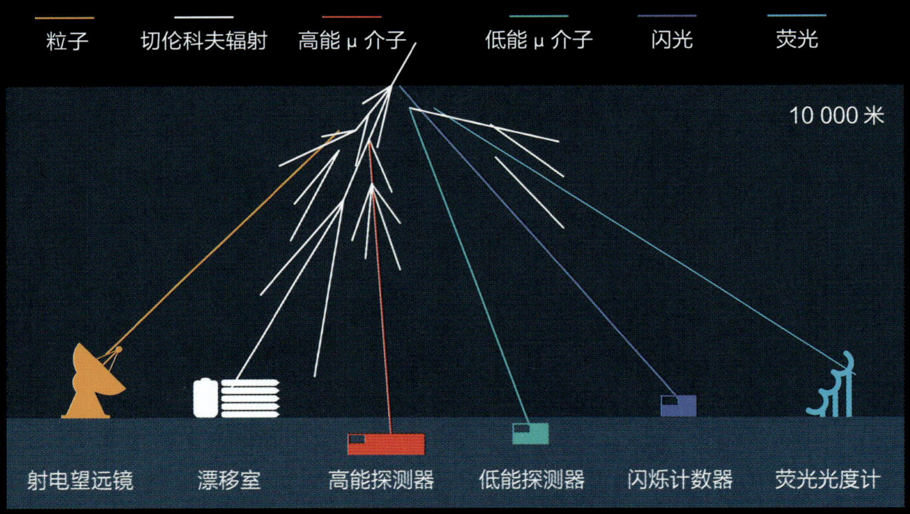

捕获宇宙线的一个好方法是通过多种不同类型的探测器共同观测粒子与地球大气层相互作用时产生的粒子的级联反应，比如，将大气切伦科夫望远镜、漂移室、高低能探测器、闪烁计数器与荧光光度计搭配使用。其中的每种探测器都旨在探测不同类型的粒子，并在不同能量范围内工作。例如，可见光的光子能量只有几个电子伏，但是产生它的宇宙线的能量可以超过万亿电子伏。

NAIRAS 模型

大气电离辐射对航空安全预报（NAIRAS）模型旨在预测宇宙线曝射和太阳高能粒子相关事件。这里展示了在不同海拔和飞行路径下，以微西弗（μSv，辐射剂量单位）每小时作为衡量单位的辐射变化。暖色表示对人类危害更大。

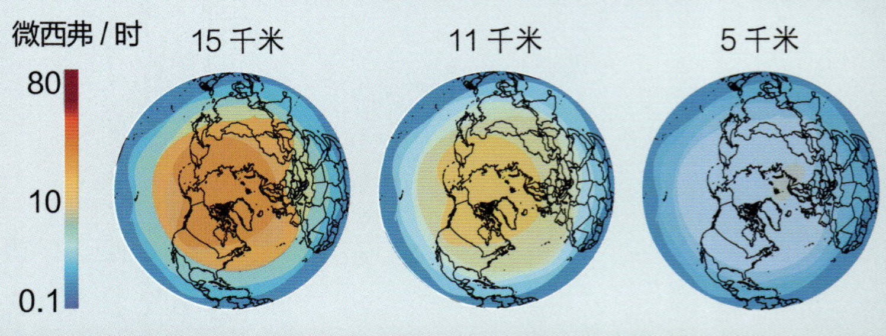

宇宙射线级联

通过观测到达地表前发生的次级粒子级联，可以间接探测地表的宇宙线。当宇宙线与空气分子碰撞时，会产生数十亿个粒子的级联，这让我们得以获取关于入射宇宙线的能量、方向和成分的有价值的数据。

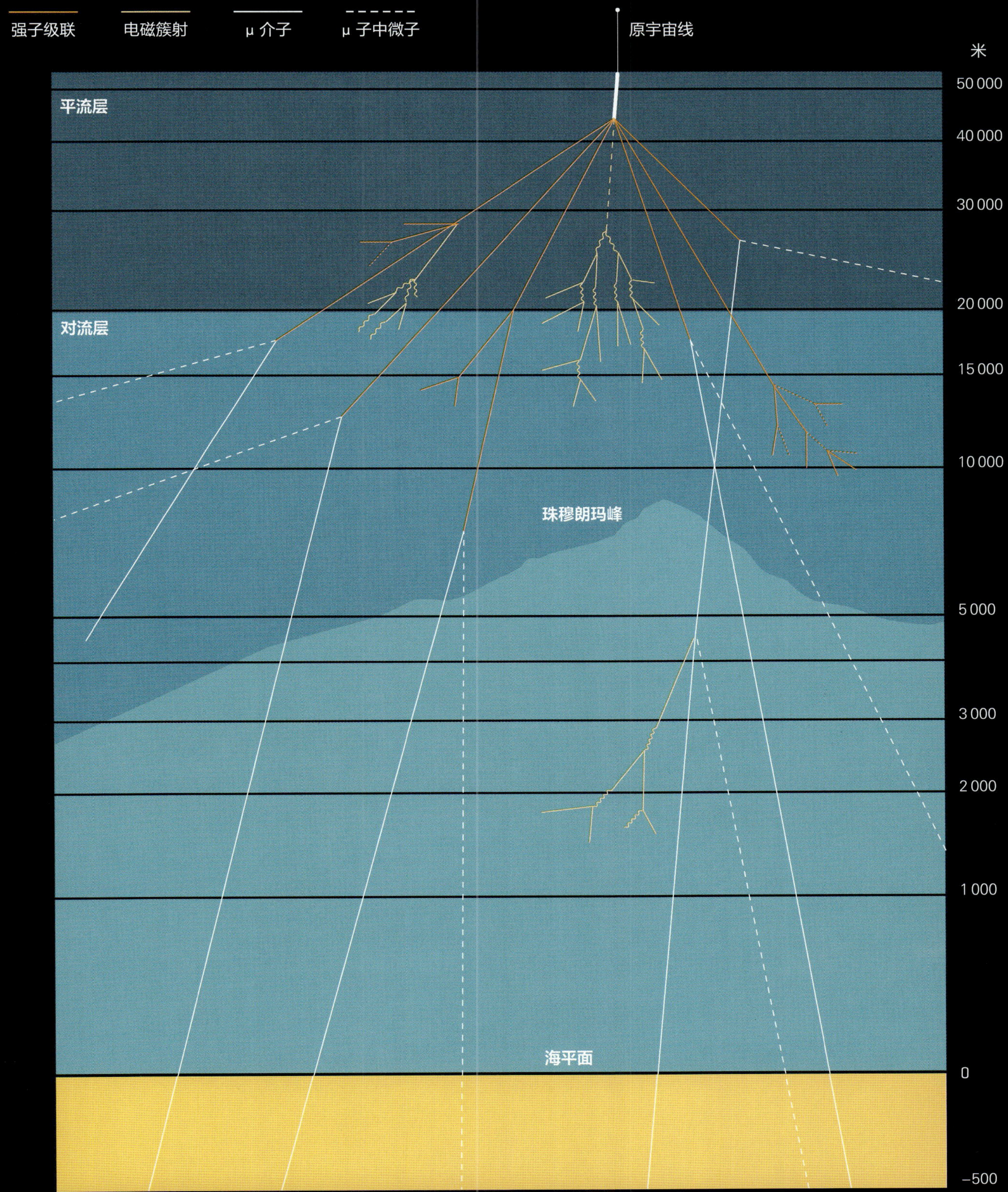

H.E.S.S. 、MAGIC 和 CTA 望远镜

使用空间设备观测到达地球的高能伽马射线是一项艰巨的任务，但是我们拥有建造在地面上的切伦科夫望远镜来揭开这些秘密。

切伦科夫望远镜的观测由于立体视觉技术而取得了很大进步，这是一种同时使用多台望远镜观测的技术。在目前参与这项技术的望远镜中，H.E.S.S.（高能立体视野望远镜阵）和 MAGIC（大型大气伽马射线成像切伦科夫望远镜）是最引人注目的，但是 CTA（切伦科夫望远镜阵）将远远超越它们。

现在：H.E.S.S. 与 MAGIC

H.E.S.S. 由五台大气切伦科夫望远镜组成，其中四台组成一个正方形，而另一台较大的位于正方形中心。它位于纳米比亚，能量范围为 100 亿电子伏到 10 万亿电子伏。而 MAGIC 是由两台大气切伦科夫望远镜组成的系统，位于西班牙拉帕尔玛岛上的穆查丘斯罗克天文台，海拔约 2 200 米，能量范围为 250 亿电子伏到 30 万亿电子伏。

未来：CTA

MAGIC 由来自 10 个国家的 25 家机构的约 150 名科学家管理，而 H.E.S.S. 则聚集了来自 13 个国家的 40 家机构的 200 余名科学家。然而，伽马射线望远镜的未来属于 CTA，这是一个由来自 32 个国家的 210 家机构的约 1 500 名成员组成的联盟，它将是世界上最大的切伦科夫望远镜天文台，拥有分布于南、北半球的超过 100 台望远镜。

H.E.S.S.
目前的 H.E.S.S. 系统被称为 H.E.S.S. 二代，由四台镜面直径 12 米的望远镜和一台镜面直径 28 米的中央望远镜（如图所示）组成。

CTA

CTA 将拥有约 120 台望远镜，分别位于智利的帕拉纳尔天文台和西班牙的穆查丘斯罗克天文台。

MAGIC

最初，MAGIC 只有一台望远镜，其拼合镜面直径 17 米。后来又安装了一台相同的望远镜。

中微子探测

中微子是质量极小并且不带电荷的粒子，可以从宇宙中活动最剧烈的地方到达地球，且不会在磁场作用下发生衰减或者改变运动方向。

电中性使得中微子可以不受阻碍并且几乎没有相互作用地穿过物质，因此很难观测它们。1930 年，奥地利物理学家沃尔夫冈·泡利（Wolfgang Pauli）提出中微子的存在，四年后恩里科·费米为其命名，然而直到 1956 年，才由美国科学家克莱德·科温（Clyde Cowan）与弗雷德里克·莱因斯（Frederick Reines）证明了它的存在。

反中微子

中微子静止质量比氢原子的十亿分之一还要小。它分为三种，每一种都有自己的反粒子，即反中微子。探测中微子需要非常先进的设备，比如南极的冰立方中微子天文台和日本的超级神冈。

光的传感器

中微子无法被直接观测到，但是当它与冰相互作用时，会产生次级粒子，继而发出切伦科夫辐射。辐射的模式和数量由冰立方探测器记录，通过它们可以反推出入射粒子的方向和能量。图中每条垂直线都代表一条具有60个电子光学组件的电缆。彩色点代表已经探测到辐射的传感器，其中红色表示先探测到的，而绿色表示后探测到的。

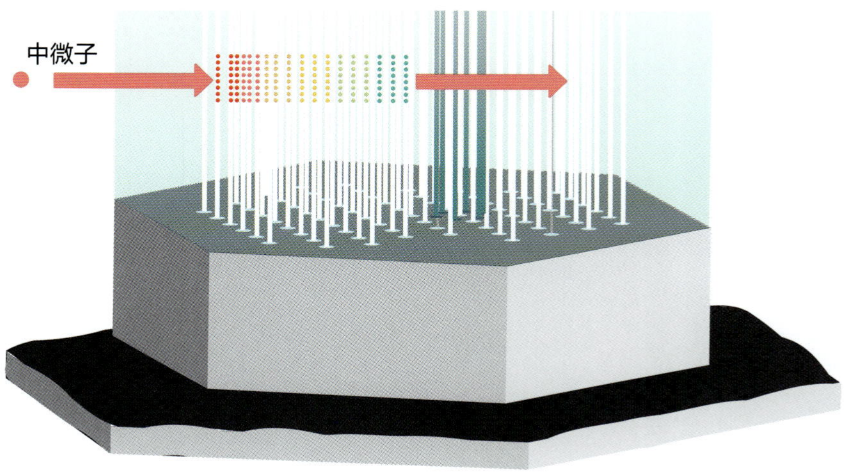

太阳中微子失踪之谜

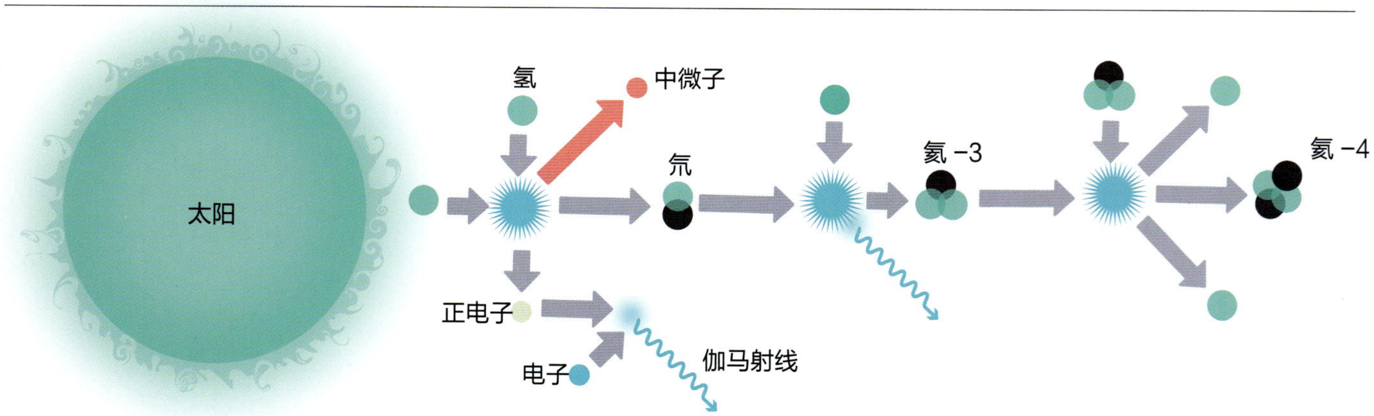

中微子振荡于 1998 年被发现，在此之前，人们认为它一旦产生就将保持稳定。因此，当太阳中 2 个氢核聚变时，会产生 1 个氘核、1 个正电子和 1 个电子中微子。然而，实际探测到的电子中微子数量只有预测值的 1/3，因为它们确实具有质量，而且在从太阳到地球的途中会转变为 μ 子中微子和 τ 子中微子。

冰立方中微子天文台

这个粒子探测器被掩埋在南极的冰面之下，位于阿蒙森－斯科特南极站附近。它记录了由太空中最剧烈的现象所产生的中微子与南极冰之间的相互作用。

电子光学组件（MOD）

冰立方的 86 根电缆可支持 5 160 个篮球大小的光电探测器。

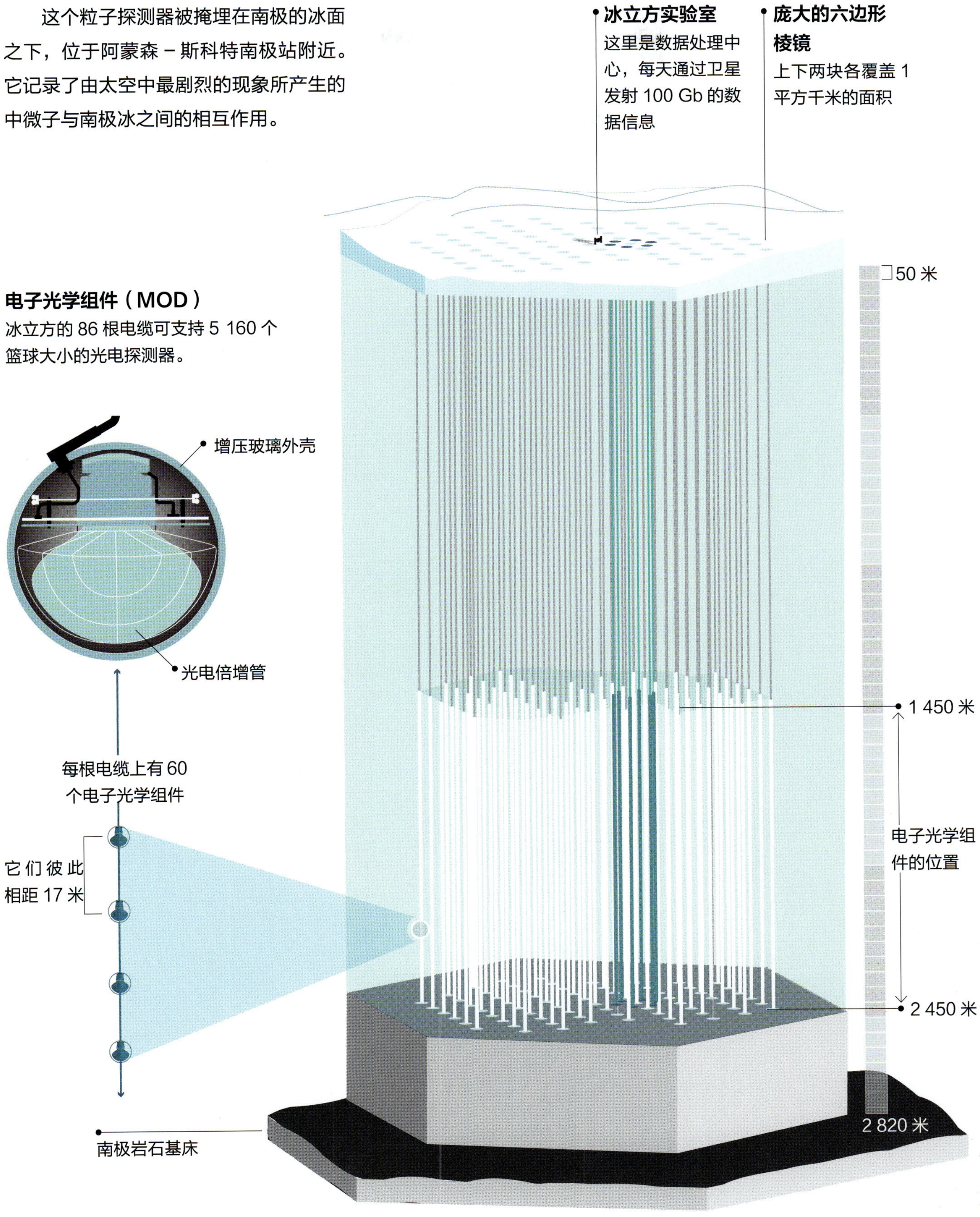

超级神冈

位于地下 1 千米处，这个位于日本的天文台旨在研究各种来源的中微子。它相当于一个大型的切伦科夫辐射探测器，由一个容纳了 50 000 吨超纯水的水箱和 13 000 个光电倍增管组成。

引力波

宇宙中许多最剧烈的现象都是高能引力波和中微子的潜在发射源，这两者尽管本质不同，但都能在宇宙中无障碍地穿行很长距离。

引力波的存在由阿尔伯特·爱因斯坦（Albert Einstein）于 1916 年预测，并于 2015 年 9 月 14 日由美国物理学家雷纳·韦斯（Rainer Weiss）、巴里·巴里什（Barry Barish）和基普·索恩（Kip Thorne）验证。他们在两年后共同获得了诺贝尔物理学奖。引力波是时空矩阵中的扰动，在宇宙中以波的形式光速传播，使时空的纤维变形，并且改变相邻两点之间的有效距离。

与中微子的关系

同时探测来自同一天体的引力波和高能中微子的手段仍在研发中。引力波和高能中微子与地面物体的相互作用很弱，这严重阻碍了观测。这项任务需要分析几个探测器的数据，用以验证关于可能的共同起源的假设。人们相信，超新星爆发是同时产生高能引力波和中微子的最有可能的来源。

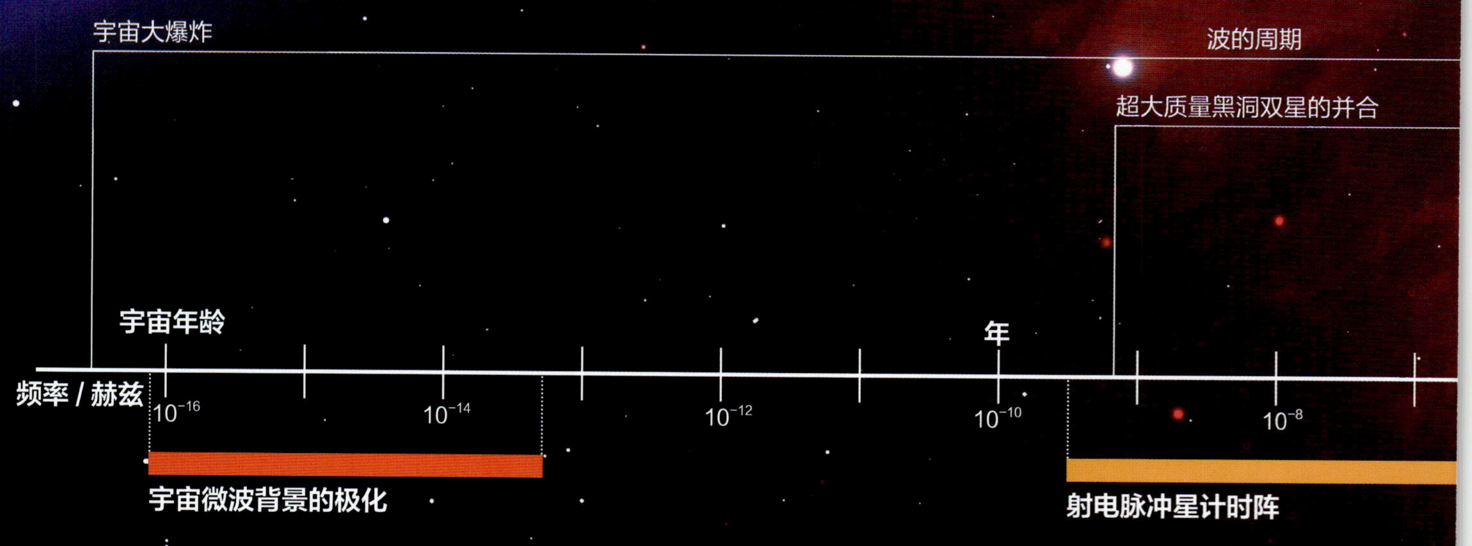

极超新星

极超新星的艺术想象图。人们预期这一过程会发出引力波、伽马射线短暴，乃至覆盖整个波谱的电磁辐射。

引力波谱

此图展示了引力波的每一个频段的相关波源，以及与频率对应的不同探测器。地面干涉仪由于一些地面运动无法探测低频信号，而唯一可以捕捉到它们的是空间探测器。空间探测器免受地震干扰，可以观测大多数已知波源的频率范围。

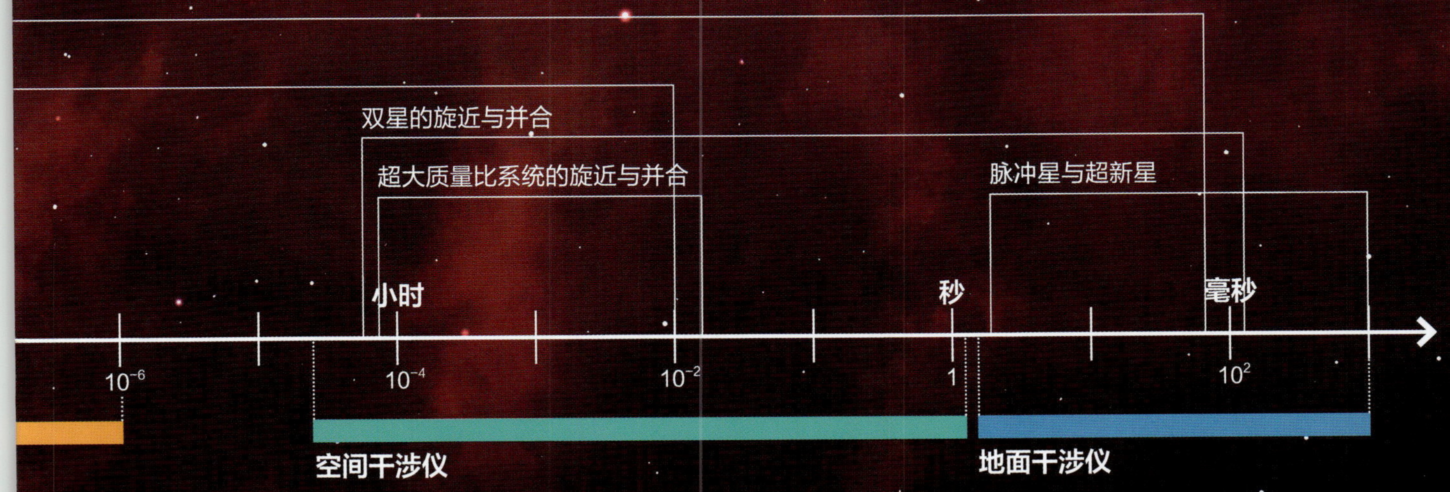

术语解释

B

白矮星 是一种低光度、高密度、高温度的恒星。因为它的颜色呈白色、体积比较矮小，因此被命名为白矮星。白矮星是演化到末期的恒星，主要由碳构成，外部覆盖一层氢气与氦气。

玻色子 粒子的两种基本类型之一。它包括光子、胶子、W 玻色子和 Z 玻色子等基本粒子，这些粒子负责传递自然界的四种基本力。还有其他类型，比如负责将质量传递给粒子的希格斯玻色子，以及负责传递引力的引力子，后者是一种假象中的玻色子。一些复合粒子也可以被认为是玻色子。

C

磁层 环绕天体的空间区域，在该区域中带电粒子受该天体的磁场支配。磁层对像地球这样的行星而言意义重大，因为它具有阻挡宇宙射线和太阳风的影响的能力。磁层是维持生命的重要条件。

磁重联 在具有高导电性的等离子体中，磁能分布不断重组并转化为其他类型的能量（如动能或热能）的物理过程。它发生在一个天体不同区域的磁力线“断开”，又再与其他来源的磁力线“重新连接”的过程中。

D

氘 稳定的氢同位素。它由 1 个质子和 1 个中子组成，与氕不同，氕是由单个质子构成的宇宙中最丰富的氢同位素。自然界中发现的几乎所有氘都是在 138 亿年前的大爆炸中产生的。

电磁辐射 由电磁波（射电、微波、红外线、可见光、X 射线、紫外线、伽马射线）组成的辐射。电磁波，无论是哪种辐射，都以光速在真空中传播。

电磁级联 高能粒子与致密物质相互作用时产生的次级粒子级联。在这种情况下，会产生多个能量较低的粒子。随后，这些粒子又会继续这个过程，产生能量更低的粒子，以此类推。这种相互作用最著名的例子是宇宙线，当宇宙线与地球大气层碰撞时，就会产生粒子级联。

电子伏（eV） 能量单位，1 电子伏相当于 1.6×10^{-19} 焦耳。它是指 1 个电子通过 1 伏的电势差时，单个电子的电荷所获得或失去的能量。也可以理解为 1 伏特乘以 1 个质子的电荷量。虽然它不属于国际单位制，但却普遍应用于物理学界。

多布森单位（UD） 用于衡量地球大气气柱中的次要气体成分（浓度低于 20 ppmv）的单位。它主要用于与臭氧相关的研究中。一个多布森单位相当于在地球平流层的臭氧区域形成 0.01 毫米厚的臭氧层所需的臭氧的分子数量。

F

反物质 与它们在普通物质中的等效物相反的粒子。尽管两者具有相同的质量，但它们具有相反的电荷，并且在量子尺度上存在一些差异。因此，电子（带负电）的反物质为正电子，质子的反物质为反质子。当普通物质和反物质接触时，它们会相互湮灭，并且在过程中产生能量。现代物理学最大的奥秘之一就是为什么反物质在宇宙中非常罕见，因为它的比例本该与大爆炸之后的其他物质相似。

范艾伦带 恒星风发出的、被地磁场捕获的带电粒子区域。地球有两条范艾伦带，有时会暂时出现第三条，它们均位于磁层内部。

放射性 某些不稳定的化学元素的原子核衰变为其他稳定元素，并发出电离辐射的物理现象。

放射性衰变 不稳定的原子核通过辐射失去能量的过程。这种辐射可以是以 α 粒子或 β 粒子的形式，也可以是中微子。对于受激原子而言，它有可能不发射出辐射，而是放出中子或质子。

费米子 粒子的两种基本类型之一。它包括夸克、轻子，以及重子。它可以是电子这样的基本粒子，也可以是质子这样的复合粒子。一般来说，费米子与物质有关，是我们日常生活中观察到的普通物质的基本构成要素。总共有 24 种不同的费米子，包括 6 种夸克、6 种质子，以及它们各自的反粒子。

G

伽马射线 电磁波谱中具有最高能量辐射的部分。这种辐射能够使其他原子电离，从而触发生物体的突变。宇宙射线与地球大气的碰撞是伽马射线的自然来源。

光变曲线 描述天体在一定时间内的光强的图表。它可以是周期性的，比如变星所产生的变幻不定的光，或者是由于行星遮挡恒星产生的光变；也可以是偶然性的，比如超新星爆发时发出的光。

光球 太阳的最外层，光线从这里发出。可以理解为是对光子透明的发光物体的最深区域，或者理解为太阳表面。太阳光球的温度约为 5 500 ℃。

光子 从伽马射线到射电波等各种形式电磁辐射中的基本粒子。光子没有质量，在真空中以近 30 万千米 / 秒的速度传播。在宇宙中，任何有质量的物体都不能达到光子的传播速度。

H

赫兹（Hz） 国际单位制中的频率单位，用于测量电磁波的振动次数（或频率）。1赫兹的定义是每秒1个振动周期。因此，2赫兹的频率表示每半秒发生1次振动，而0.5赫兹表示每2秒发生1次振动。它也可以加上前缀表示更高的频率，例如，吉赫（GHz），即10^9赫兹，是移动通信网络中经常使用的频率单位。

黑洞 由致密的天体产生的具有强烈引力作用的空间区域，任何物质无法从其内部逃逸。尽管不可见，但黑洞的存在可以通过它对其他物质的影响或通过其附近的可见光推断出来。

红巨星 是恒星演化的最后阶段，体积巨大而质量较小。当恒星核心的氢被耗尽后，其外周会继续进行核聚变。在此期间，恒星的半径可以达到太阳的200倍。

J

激波 当波在流体中的传播速度大于声速时发生的一种扰动。它会导致压差过大，温度升高。在超新星爆发的过程中，它是导致恒星毁灭并留下恒星遗迹（中子星或黑洞）的原因。

极超新星 又称“超亮超新星”，它是恒星爆发的一种类型，产生的光度是标准超新星的10倍。其爆发机理与传统超新星的爆发机理非常相似。

胶子 负责传递自然界四大基本作用力之一的强核相互作用的基本粒子。它可以被理解为是胶水，将夸克凝聚在一起，形成质子和中子，也就是构成我们周围的物质的基本构件。

介子 属于强子的亚原子粒子，由1个夸克和1个反夸克组成，它们通过强核力结合在一起。它是不稳定的，几乎不能存在几微秒。在那之后，介子转变为电子、中微子和光子。

K

可见光谱 肉眼可见的一部分电磁波谱。它对应的波长在390～770纳米，该范围内的电磁波也被称为可见光。

夸克 一种基本粒子，结合后形成质子和中子等强子，是原子核的组成部分。它是物质的基本组成部分之一，不能被直接观察到，仅存在于强子内部。

L

类星体 极其明亮的活动星系核，由一个超大质量的黑洞以及冲向黑洞并围绕黑洞运动的一系列物质共同组成。最强大的类星体的光度比银河系高出数千倍。今天，类星体是一种罕见的现象，但是大约在100亿年前，大多数星系的中心都有一个类星体。

粒子－反粒子湮灭 1个亚原子粒子与其相应的反粒子相撞，并产生其他粒子的过程。例如，1个电子与1个正电子的碰撞产生2个光子。参与湮灭的粒子和反粒子的初始能量在这一过程中守恒，并在所有的最终产物粒子之间重新分配。

洛希瓣 双星系统中恒星周围的区域，其中的物质仍然受到恒星的引力约束。如果这颗恒星进一步增长和膨胀，其物质就会被伴星吸收。洛希瓣也被叫作“洛希极限”。

M

脉冲星 一种快速自转的中子星，在两极处向外喷发出很强的辐射。当辐射束在旋转过程中扫过地球方向时，人们便能探测到周期性的脉冲信号，其行为仿佛是宇宙中的灯塔。有些脉冲星每秒自转多达数百次。

冕环 恒星的星冕下层和过渡区的基本结构。这些环状结构是恒星的混沌磁流的产物。对于太阳来说，冕环数量与太阳周期有关。通常在太阳黑子旁边就能看到它们。

母恒星 产生超新星或者恒星遗迹的原恒星所使用的名称。也就是说，它指的是同一恒星的主序阶段。

Q

奇点 空间中的一个点，密度极大，以至于物理定律不再起作用。例如，黑洞的中心是奇点，具有很强的引力。在大爆炸之前，宇宙也是一个奇点——一个密度极大、温度极高的点。

强子 复合粒子，由夸克组成。强子分为两类：重子（由3个夸克组成）和介子（由1个夸克和1个反夸克组成）。

切伦科夫辐射 荷电粒子在介质中以大于该介质中的光速的速度运动时所发出的电磁辐射。例如，宇宙线与地球大气碰撞时会发出切伦科夫辐射。

轻子 基本粒子，不会发生强核相互作用。有两个主要类别，每类又分为三种：带电轻子（电子、μ子和τ粒子）和中性轻子（电子中微子、μ中微子和τ中微子）。中微子几乎不与物质相互作用，而带电的轻子可以与其他粒子结合形成类似原子的复合粒子。

R

日冕 环绕太阳的等离子体区域。它绵延数百万千米，以其超过 100 万摄氏度的高温而闻名。其温度远高于太阳表面的温度。

S

赛弗特星系 具有活动星系核的星系，与类星体非常相似，但发光程度较低，并且具有可观察到的星系结构。所有星系中约有 10%属于这种类型。尽管初步看上去它们似普通的旋涡星系，但对其他电磁光谱的研究揭示了它们的性质。此类星系中超大质量黑洞被涌入内部的物质盘包围。

色球 太阳大气层的第二层，位于光球和过渡区之间。尽管可以使用电磁波谱对其进行研究，但相对其他层来说，色球比较薄，对它的探究存在一定的难度。

射电望远镜 专门用于接收来自天体的射电波的设备。通常由带有抛物面的天线组成，并且可以在射电望远镜矩阵中单独使用或一起使用。为避免受到诸如无线电、电视、雷达等设备的干扰，射电望远镜一般置于远离人群中心的地方。

射电星系 射电波段极度明亮的星系。典型的射电星系大多为巨椭圆形星系并包含一个非常活跃的活动星系核，高能带电粒子流从中倾泻而出并与它们周围的环境相互作用。

事件视界 指其中发生的事件不能影响外部观测者的时空区域。最广为人知的例子是黑洞，它的事件视界是指引力强大到连光都无法逃逸的区域。宇宙事件视界定义了一个天体所发出的光（即使是在大爆炸之后发出的）永远也不会被观测到的区域范围，因为它发出的光的速度比宇宙本身的膨胀速度要慢。

受激原子 在量子物理学中，它表示一种系统能量大于绝对最小能量的量子态，所以又被称为“激发态”。换句话说，原子核周围的电子存在一个最小轨道，其能量也是最小的。但是，如果原子的能量增加，电子就会改变轨道，向能量更高因而需要更多能量的轨道移动。

数字化巡天（DSS） 几个数字化的夜空摄影合集，这是一个延续至今的项目。原始材料由照相板组成，覆盖了 6.5 度的正方形的天空区域，分辨率为 14 000 × 14 000 像素或者 23 040 × 23 040 像素。

T

太阳活动区 太阳上磁场受到扰动的区域，可以通过太阳黑子的存在来识别。太阳耀斑和日冕物质抛射在这些区域中发生，还可以观察到冕环。对于太阳活动区的监测有助于确定太阳风暴何时到达地球轨道，以及研究它对地球环境的可能影响。

太阳耀斑 通常是发生在太阳大气局部的一种剧烈的爆发现象，使得该区域的亮度突然增加。在一次爆发中，太阳最多可以释放 10^{20} 焦耳的能量。耀斑可以将电子、离子和原子抛到外层空间。当耀斑在其他恒星上发生时，被称为恒星耀斑。

同位素 质子数相同但是中子数不同的同一化学元素的不同核素。一种元素的所有同位素都有相同的质子数，这样，氢有三种同位素：氕由 1 个质子组成，氘由 1 个质子和 1 个中子组成，而氚是由 1 个质子和 2 个中子组成。

X

吸积 是指大质量天体通过引力聚集周围物质的过程。这种现象导致了吸积盘的产生。有证据表明，大多数天体（星系、恒星、行星以及一些卫星）都是通过吸积过程形成的。

西弗（Sv） 国际单位制中的单位，得名于瑞典科学家罗尔夫·西弗的名字。它用于衡量生物吸收的辐射量，1 西弗相当于 1 焦耳每千克（1 J/kg）。这对于保护暴露在核反应堆这类可能的辐射源中的人来说尤其重要。

相对论性射束 被加速到接近光速的电离物质射束。它们大多与一些活动星系和类星系的黑洞、恒星质量的黑洞，还有中子星和脉冲星有关。它们可以绵延至数百万光年。因为它们的速度接近于光速，所以显示出狭义相对论效应。

相对论性星风 一种名为脉冲星的中子星所发射的等离子体（荷电粒子）。在脉冲星的快速旋转和强大磁场的作用下，这些等离子体被加速到接近光速。脉冲星发出的星风可以在附近的星际介质中产生激波，这也指示出了物质失去加速度并逐渐减速的区域。

星风 来自恒星外层的荷电粒子流。它通常由电子、质子和其他粒子组成。它是许多现象的原因，比如彗星的彗尾和极光，后者是电离层加热的结果。

星周盘 围绕着恒星旋转的气体、尘埃、岩石碎片和其他物质在恒星周围形成的圆盘状累积。根据恒星的演化阶段不同，星周盘表示不同的事物。在年轻的恒星中，它是未来的行星系统形成的基础。但是在白矮星（一种恒星遗迹）中，它表示在恒星演化过程中留存下来的一部分行星系统的物质。

X 射线 一种高能辐射，但略低于伽马射线。它是由温度超过 100 万摄氏度的天体发出的。因为地球大气层会吸收 X 光，所以，它们的研究只能在太空中进行。

Y

耀变体 是一种非常致密的类星体，与巨椭圆星系中心的超大质量黑洞有关。它是已观测到的宇宙中最剧烈的天体现象之一。当耀变体发出的物质喷流（其速度接近光速）指向地球方向时，会被清晰地观察到。

引力波 某些引力相互作用过程中产生的时空曲率变形。以光的速度像波一样在太空中传播。在 20 世纪初期科学家曾多次预测引力波的存在，但直到 2015 年才在激光干涉仪引力波天文台（LIGO）的观测站得到证实。引力波是由宇宙中最强大的现象（例如，两个黑洞或两个中子星的碰撞）发出的，可以在数十亿光年之外被检测到。尽管用肉眼无法察觉，但是我们可以测量到最小的时空扭曲，从而可以观察到原本无法探测的现象。

引力坍缩 天体在自身引力作用下收缩的一种机制。它既引发了分子云内部高密度区域的恒星形成，也是恒星最后坍缩的原因。当它耗尽在形成过程中所积累的燃料时，聚变产生的压力消失，恒星也在自身引力作用下坍缩。此后产生的天体取决于恒星的初始质量。

有效剂量 人体内所有组织能够吸收的电离辐射量，这代表着人体受到低水平辐射照射后会遭受的一些最有害的后果的风险。例如，它能够确定因长期接触放射源而导致基因突变或者癌症的可能性。

余辉 在伽马射线暴中，余辉是指在原本的伽马射线之后发射出的波长较长、亮度较暗的射线。它们是由伽马射线源喷射出的物质与星际气体相互碰撞的结果。这些星际气体位于星系内部恒星之间的太空中。

宇宙线 来自太阳系甚至银河系之外的高能辐射。受到地球大气的影响，宇宙线会产生大量的次级粒子级联。某些类型的宇宙线可能起源于超新星爆炸或某些星系的核心。

Z

正电子 电子的反粒子（或反物质）。它与电子质量相同，但带正电荷。当正电子和电子碰撞时，它们会发生湮灭，从而导致伽马射线光子的发射。

质子－质子链反应 恒星将氢转化为氦的聚变机制之一。这种反应主要发生在接近太阳大小或更小的恒星中。在聚变过程中，四个氢核结合形成氦核。

中微子 基本粒子类型，仅参与非常微弱的弱相互作用和引力相互作用。由于它可以在穿过物质的时候几乎不产生任何相互作用，所以很难被检测到。中微子是恒星内核在核聚变过程中形成的。来自太阳的 650 亿个中微子每秒钟可以穿过地球每平方厘米的空间。

中子 不带电荷的亚原子粒子。它的质量与质子非常相似。中子与质子一起形成原子核。原子核的形成可以在不同的过程中自然发生，如核聚变。

中子星 当恒星的质量是太阳质量的 8 倍以上（上限大约是太阳质量的 20 ~ 25 倍）时形成的恒星遗迹。消耗掉核心中的所有物质后，恒星会爆炸成为超新星，并将其外层抛入太空。随后，恒星核发生引力坍缩，引力压缩电子和质子，直到它们结合成为中子。中子星尽管直径很小，只有几十千米，但它是宇宙中密度最大的物体之一。

重元素 不包括氢和氦的元素的统称。重元素包括在恒星内部以及通过其他机制（如超新星爆炸或中子星碰撞）形成的所有元素。

主序 恒星生命的主要阶段。恒星在形成的最后阶段开始消耗内部积累的氢，将其转化为氦。恒星的质量越大，其主序阶段持续时间越短。在此阶段结束时，恒星的命运将取决于其原始质量的大小。

紫外线 电磁波谱辐射的一种。它的波长比可见光的波长短，但比 X 射线的波长长。太阳发出的能量中大约有 10% 是紫外线辐射。

图片来源

封面

X-ray: (Chandra) NASA/CXC/SAO, (IXPE) NASA/MSFC; Optical: NASA/ESA/STScl; Image Processing: NASA/CXC/SAO/J. Schmidt, K. Arcand, and L. Frattare; Contraportada: (上) ESA/Bouchet et al.; (左下) NASA/CXC /PSU/L. Townsley et al.; [Óptico] UKIRT; [IR] NASA/JPL-Caltech; (右下) NASA/JPL-CALTECH/GSFC/JAXA;

内文

2-3: Mark A. Garlick; 4-5: NASA/ESA/Hubble Heritage Team (STScI/AURA); 6-7: [Rayos X] NASA/CXC/JHU/ D. Strickland; [Óptico] NASA/ESA/STScI/AURA/Hubble Heritage Team; [IR] NASA/JPL-Caltech/Univ. of Arizona/C. Engelbracht; 8-9: [Rayos X] NASA/CXC/Univ. of Toulouse/M. Bachetti et al.; [Óptico] NOAO/AURA/NSF; 10-11: Mark A. Garlick; 12-13: [Rayos X] NASA/CXC/PSU/K. Getman/ E. Feigelson/M. Kuhn & MYStIX team; [IR] NASA/JPLCaltech;

14-15: [Rayos X] NASA/CXC/SAO/Sejong Univ./Hur et al.; [Óptico] NASA/STScl; 16-17: Carles Javierre (Infographics); 18-19: Javier Pérez Belmonte; 20下: Joan Pejoan; 20-21上: NASA/CXC/SAO; 20-21下: [Rayos X] NASA/CXC/SAO/S. Wolk et al.; [Óptico] DSS & NOAO/AURA/NSF; [IR] NASA/JPL-Caltech; 21上: NASA/CXC/Univ. of Wisconsin-Madison/S. Heinz et al.; [Óptico] DSS; [Radio]: CSIRO/ATNF/ATCA; 21下: [Rayos X] NASA/CXC/Univ. of Wisconsin-Madison/S. Heinz et al.; [Óptico] DSS; 22-23: NASA/CXC /PSU/L. Townsley et al.; [Óptico] UKIRT; [IR] NASA/JPL-Caltech;

24-25: NASA/CXC/UCL/W. Dunn et al.; [Óptico] NASA/STScl; 26-27: NASA/SDO-AAI; 27左: Joan Pejoan; 27下: ESA/NASA/SOHO; 28-29上: Harvard Smithsonian Center for Astrophysics; 28-29下: NASA/JPL-Caltech/GSFC/JAXA; 29下: Joan Pejoan; 30-31: NASA/JPL/Univ. of Colorado; 31上: NASA/ESA/ E. Karkoschka; 31下: NASA/JPL/Univ. of Colorado; 32左上: Joan Pejoan; 32-33: [Rayos X] NASA/CXC/UCL/W. Dunn et al.; [polo sur]: NASA/JPL-Caltech/SwRI/MSSS/Gerald Eichstädt /Seán Doran; [polo norte]: NASA/JPL-Caltech/SwRI/ MSSS; 33左下: NASA/CXC/SWRI/G. R. Gladstone et al.; 34-35: John T. Clarke/Univ. of Michigan, ESA/NASA;

36-37: NASA/CXC/Univ of. Michigan/S. Oey; [IR]: NASA/JPL; [Óptico] ESO/WFI; 38: Joan Pejoan; 38-39上: [Rayos X] NASA/CXC/CfA/R. Tuellmann et al.; [Óptico] NASA/AURA/STScl; 38-39下: [Rayos X] NASA/CXC/SAO/J. Drake et al.; [Óptico] Univ. of Hertfordshire/INT/IPHAS; [IR] NASA/JPL-Caltech; 39上: NASA/CXC/PSU/L. Townsley et al.; 39下: NASA/GSFC/SDO; 40-41: Optical DSS/Davide De Martin/Skyfactory; 40: Joan Pejoan; 41上: Juan William Borrego Bustamante; 43下: NASA/CXC/Univ of Toronto/M. Durant et al.;42-43: Mark A. Garlick; 42: NASA/CXC;44-45: ESO/L. Calçada/M. Kornmesser; 46: CXC; 47左上: STSci; 47右上: NRAO/AUI/NSF; 47左下: NASA/ESA; 47右下: JPL/Caltech; 48-49: Joan Pejoan; 49: [Rayos X] NASA/CXC/RIKEN/D. Takei et al.; [Óptico] NASA/STScl; [Radio]: NRAO/VLA; 52-53: [Rayos X] NASA/CXC/Penn State/S. Park et al.; [Óptico] Pal. Obs./DSS; 51: Juan William Borrego Bustamante; 52: [Rayos X] NASA/CXC/NCSU/M.Burkey et al.; [Óptico] DSS; 52-53: [Rayos X] NASA/CXC/SAO; [IR] NASA/JPL-Caltech; [Óptico] MPIA/Calar Alto/O. Krause et al.; 53上: [Rayos X] NASA/CXC/Rutgers/G.Cassam-Chena/J. Hughes et al.; [Radio]: NRAO/AUI/NSF/GBT/VLA/Dyer, Maddalena & Cornwell; [Óptico] Middlebury College/F. Winkler/NOAO/AURA/NSF/CTIO Schmidt/DSS; 53下: Joan Pejoan; 54-55: Juan William Borrego Bustamante; 54: NASA/HTS; 55: Joan Pejoan; 56-57:NASA/DOE/Fermi LAT Collaboration/Capella Observatory/Llana Feain, Tim Cornwell/Ron Ekers/CSIRO/ATNF/ R. Morganti/ASTRON/N. Junkes/MPIfR;

58-59: [Rayos X] NASA/CXC/SAO/J. DePasquale; [IR]: NASA/JPL-Caltech; [Óptico] NASA/STScl; 60-61 (1): Axel Mellinger/Universität zu Potsdam; (2): NASA/CXC/UMass/D. Wang et al.; (3): ROSAT; (4): NASA/DOE/Fermi LAT Collaboration; 62: Joan Pejoan; 62-63: ESA/Bouchet et al.; 63: David A. Aguilar /CfA; 64-65: ESA/Herschel/PACS/SPIRE/J. Fritz/U. Gent; [Rayos X] ESA/XMM Newton/EPIC/W. Pietsch/MPE; 65上: ESA/XMM-Newton/EPIC/W. Pietsch/MPE; 65下: Swift: NASA/Swift/Stefan Immler/GSFC/ Erin Grand/UMCP; [Óptico] Bill Schoening/Vanessa Harvey/REU program/NOAO/AURA/NSF; 66上: Felipe García Mora; 66左下: NASA/CXC/Caltech/M. Muno et al.; 66右下: NASA/CXC/ Amherst College/D. Haggard et al.; 66-67: [Rayos X] NASA/CXC/Universidad Católica de Chile/F. Bauer et al.; 68上: Joan Pejoan; 68下: Joan Pejoan; 68-69上: [Rayos X] NASA/CXC/SAO; [Óptico] NASA/STScl; [Radio] NSF/NRAO/AUI/VLA; 68-69下: [Rayos X] P. Ogle/UCSB et al.; [Óptico] A. Capetti / INAF/CXO/STScl/NASA; 69上: NASA/CXC/SAO/A. Siemiginowska et al.; [Óptico] NASA/STScl; [Radio] NSF/NRAO/VLA: 69下: [Rayos X] NASA/CXC/Univ. of Bristol/M. Hardcastle et al.; [Óptico] NASA/STScl; 70-71: [Rayos X] NASA/CXC/Wesleyan Univ./R. Kilgard, et al.; [Óptico] NASA/STScl;

72-73: [Rayos X] NASA/CXC/SAO/ESA; [IR] NASA/JPL-Caltech/B. Williams/NCSU; 74-75: Juan William Borrego Bustamante; 75左: [Rayos X] NASA/CXC/IAA-CSIC/N. Ruiz et al., [Óptico] NASA/STScl; 75右: ESA/ NASA/M. A. Guerrero/IAA-CSIC; 76左上: NASA/DOE/Fermi LAT Collaboration; 76-77 NASA/Goddard Space Flight Center Conceptual Image Lab; 78-79: Javier Pérez Belmonte; 80-81: HESS. Collaboration/Christian Föhr; 81上: G. Pérez, IAC/SMM; 81下: Robert Wagner/MPI; 82-83: Javier Pérez Belmonte; 84-85: Kamioka Observatory/ICCC/Univ. Tokio; 86-87: Mark A. Garlick; 86-87下: Carles Javierre (Infographics).